재미로 읽다 보면 저절로 문제가 풀리는 수학

기발하고 신기한 수학의 재미_하편

재미로 읽다 보면 저절로 문제가 풀리는 수학
기발하고 신기한 수학의 재미_하편

펴낸날 2022년 7월 20일 1판 1쇄

지은이 천융밍
옮긴이 김지혜
그림 리우스위엔
펴낸이 김영선
책임교정 이교숙
교정·교열 정아영, 이라야
경영지원 최은정
디자인 박유진·현애정
마케팅 신용천

펴낸곳 (주)다빈치하우스-미디어숲
주소 경기도 고양시 일산서구 고양대로632번길 60, 207호
전화 (02) 323-7234
팩스 (02) 323-0253
홈페이지 www.mfbook.co.kr
이메일 dhhard@naver.com (원고투고)
출판등록번호 제 2-2767호

값 17,800원
ISBN 979-11-5874-158-7 (44410)

글 **천융밍**
그림 **리우스위엔**
옮김 **김지혜**

기발하고 신기한
수학의 재미

미디어숲

· · ·

기하는 수학 학습의 기초 중의 하나로, 기하학을 이용해 집을 짓고 토지를 측량하거나 별을 관측할 수 있으며 미끄럼틀을 설계하고 바닥을 장식할 수 있다. 또한 작은 칠교판 하나에도 많은 수학적 성과가 담겨있다. 이 책은 건축, 측량, 도형 놀이 등의 각도에서 재미있는 기하학적 이야기를 다루고 있는데 각, 직선, 원, 원이 아닌 도형, 입체도형 등의 기초 기하 지식뿐만 아니라 그래프 이론, 위상기하, 조합기하, 비유클리드 기하 등의 주제를 포함시켜 아름다운 기하 세계를 확대했다. 더불어 기하 지식을 자세하게 설명함과 동시에 동서고금에 전해지는 알려지지 않은 재미있는 이야기를 소개해 도형의 자연미를 펼쳐보여 중·고등학생들에게 수학의 흥미와 정보를 동시에 제공한다.

프롤로그

　요즘은 스타를 동경하는 청소년들을 많이 볼 수 있다. 처음엔 그런 청소년들을 잘 이해하지 못해 한 학생에게 "이 스타가 너를 사로잡은 게 도대체 뭐니?"라고 물었다. 그 학생은 큰 눈을 부릅뜨고 나를 한참이나 쳐다보다가 "선생님도 젊었을 때 우상이 있지 않았나요?"라고 되물었다. 나는 당시 내가 좋아하고 존경하는 사람은 과학자라고 말했다. 짧은 대화였지만 나와 젊은이들과의 세대 차이가 잘 드러난다.

　내가 학문을 탐구하던 시절, 과학으로의 진출은 전국적으로 확산되었고, 우리가 존경하던 인물들은 조충지, 멘델레예프, 퀴리 부인 등 훌륭한 과학자들이었다. 도서는 『재미있는 대수학』, 『재미있는 기하학』과 같은 일반 과학도서를 즐겨 읽었다. 동시에 전국 각지에서 과학 전시가 열렸고, 우리도 과학 스토리텔링을 만들어냈다. 이런 활동은 우리 세대 청소년들의 마음속에 과학의 씨앗을 심어주기에 충분했다.

　그런데 유감스럽게도 당시에는 여러 가지 이유로 국내 작가의 작품은 드물었다. 사실 1949년 이전까지 몇몇 작가에 의해 적지 않은 수학 대중서가 출간되었다. 1950~60년대에는 중·고등학생들의 수학경쟁을 활성화하기 위해 유명 수학자들이 학생들을 위한 강좌를 열었다. 이 강의들은 나중에 책으로 출간되어 한 세대에 깊은 영향을 주었다.

이들 작품 중 가장 추앙받는 작품이 바로 화라경의 작품이다. 『양휘 삼각법으로부터 이야기를 시작하다』, 『손자의 신비한 계산법으로부터 이야기를 시작하다』 등의 저서는 학생들에게 큰 사랑을 받았다. 그의 저서는 가볍게 시작한다. 먼저 간단한 문제 제기와 방법을 소개한 후 감칠맛 나게 수학 이야기를 하며 하나하나 설명해 나간다. 마지막에 이르러 수학 내용이 분명해지는데 생동감 있는 전개가 눈에 띈다.

어떤 문제를 이해하는 것과 고등수학의 심오한 문제를 설명하는 것은 어떤 부분에서 일맥상통한다. 그의 책은 수학과학 대중서의 모범이 되었는데 수학사 이야기를 강의에 녹여 시 한 수를 짓기도 했다.

그 시기에 나는 막 일을 시작했는데 그의 책을 손에서 떼기가 힘들었다. 결국 나도 책 쓰는 것을 배워야겠다는 생각이 들었다. 그래서 몇 년을 일반 과학 서적을 읽으며 글을 쓰기 시작해 『등분원주

만담』, 『1＋1＝10 : 만담이진수』, 『순환소수탐비』, 『만담근사분수』,
『기하는 네 곁에』, 『수학두뇌탐비』 등의 작품을 완성했다.

　수학 대중서는 시대의 흐름을 적절히 잘 결합해야 한다. 물론 새
로운 수학의 성과와 생명과학, 물리학 등을 비롯한 첨단 지식을 전
수하기는 매우 힘들다. 내가 몇 년 전에 쓴 작품들이 있지만 시간이
지나면서 과학이 비약적으로 발전하고 있어서 새로운 소재들이 많
이 나왔다. 이번에 출간된 『기발하고 신기한 수학의 재미(상·하편)』
은 이전 작품을 재구성한 것이다. 일부 문제점을 수정하고 수학 이
야기를 재현해 독자들이 흥미롭게 읽을 수 있도록 새로운 내용을
보충했다. 이해방식, 새로운 수학 연구 성과를 최대한 담기 위해 노
력하였으니 여러분에게 도움이 되었으면 좋겠다.

　마지막으로 수학을 좋아하고 수학을 사랑하기를 바란다.

저자 천융밍

차 례

3장 수학은 자유다_그래프 이론, 위상수학, 비유클리드 기하 이야기

모든 과학에

수학의 예민함과 정확성을

최대한 도입하고 싶다.

그 이유는 사물을 좀 더 잘 알 수 있기

때문이 아니라 사물에 대한

우리 인간의 태도를 명확히 하고 싶기 때문이다.

수학은 인간의 공통적이고

근본적인 인식을 위한 수단이다.

- 프리드리히 니체

1장

수학으로 푸는 세상

원이 아닌 도형 이야기

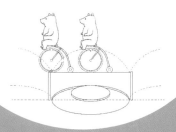

제네시아의 귀

그리스의 전설

고대 그리스, 시라쿠스의 폭군 제네시아는 많은 사람을 감옥에 투옥시켰다. 어느 감옥은 시칠리아섬의 채석굴에 위치해 있었는데, 채석굴의 가장 깊은 곳에서 입구까지는 약 30여 미터로 동굴 입구에 잔인무도한 옥졸들이 지키고 있었다.

수감자들은 여러 차례 탈옥 계획을 세웠지만 모두 곧 제네시아에게 들켰고, 탈옥을 계획한 사람은 잔혹하게 살해되었다. 그래서 그들은 내부에 첩자가 있다고 의심했지만, 아무리 분석해 보아도 어떤 단서도 찾을 수가 없었다.

'도대체 어떻게 된 일일까?'

이유를 알 수 없었던 그들의 마음은 점점 힘들어져 갔고 그저 이 동굴을 '제네시아의 귀'라고 부르게 되었다. 이는 무슨 말이든 귓속말조차도 다 들킨다는 의미다. 아니나 다를까 훗날 사람들이 알게 된 사실은 채석굴에서는 아주 나지막이 말하는 것도 옥졸들이 똑똑히 들을 수 있었다는 것이다.

타원

이런 기이한 현상은 타원의 한 가지 성질과 관계가 있다. 타원은 쉽게 그릴 수 있다. 가는 밧줄을 하나 잡고, 두 개의 압정으로 양 끝을 평평한 판자 위에 고정시킨 후, 연필 끝으로 끈을 팽팽하게 당기면서 연필을 천천히 움직이면 타원 하나가 완성된다 [그림 1-1].

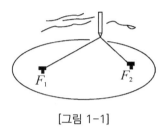

[그림 1-1]

이때 압정으로 고정된 두 지점을 타원의 '초점'이라고 한다. 하나의 초점에서 나오는 빛이나 소리는 타원곡선에 반사되어 다른 초점으로 모인다. 이 성질을 '타원의 광학적 성질'이라고 한다. 타원의 이 성질은 매우 많은 곳에 쓰인다.

고대 그리스인은 일찍이 타원형 지붕의 음악당을 지었는데, 연주대는 그중 하나의 초점 위치에 설치했다. 이러한 음악당에서 한 악단이 연주하면 두 곳에서 동시에 소리가 나면서 두 악단이 연주하는 것과 같은 효과로 음향이 매우 좋다.

미국 아이다호주의 솔트레이크시티에 위치한 어느 교회는 지붕이 타원형으로 되어있는데 성단이 하나의 초점 위치에 있고 성단 앞에 흉상이 있었다. 또 다른 초점은 은폐되어 거기에서 나는 소리가 타원형 지붕을 타고 성단 앞으로 전해지기 때문에 사람들은 흉상이 말하고 노래하는 것처럼 느껴져 자기도 모르게 일종의 신비감을 느꼈다고 한다.

1960~70년대에 어느 농촌 지역에는 아직 전기가 없어 영화 관람은 꿈도 꿀 수 없었다. 그래서 두메산골 사람들이 영화를 볼 수 있도록 하기 위해서 과학자들은 일종의 소형 영사기를 발명했는데 일반 전원뿐만 아니라 축전지까지 사용해 영화를 상영할 수 있었다. 영화 필름상의 이미지를 그것보다 훨씬 큰 스크린에 상영하려면 매우 강한 한 줄기의 광선이 필요하다. 보통 전구가 내는 빛은 사방으로 퍼지면서 발산되어 만약 그것으로 광원을 만든다면 아주 일부분의 빛만이 필름 위에 비칠 수 있고 나머지 빛은 전부 낭비될 것이다.

소형 영사기는 빛을 모아 필름에 최대한 많은 빛을 비추기 때문에 이 문제를 해결할 수 있다. 타원의 광학적 성질을 이용해 하나의 초점에 광원을 배치한다. 광선은 본래 사방으로 발산되지만 광원 밖에 둘러싸인 타원형 거울을 거쳐 반사된 후 빛은 다른 초점으로 모이게 된다. 이렇게 모인 빛을 이용하면 영화를 상영할 수 있다. 소형 영사기는 바로 이 점을 이용해 만든 것이다.

이제 처음 제기한 질문을 되짚어보자. 당시 사람들이 '제네시아의 귀'라고 불렀던 이 동굴은 다름 아닌 타원형의 동굴이었고, 동굴에서 수감자들이 모여 있던 곳이 초점 부근이었기 때문에, 그들이 밀담하던 음파가 동굴 벽을 통해 옥졸들의 귀에 들린 것이다. 이것이 '제네시아의 귀'에 숨겨진 비밀이었다.

원뿔곡선의 기묘한 성질

'타원, 포물선, 쌍곡선' 이 세 가지 곡선을 '원뿔곡선'이라고 한다. 이 세 가지 곡선은 각각 다른 광학적 성질을 가지고 있다.

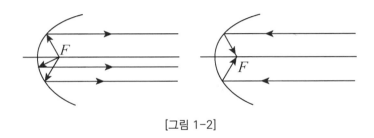

[그림 1-2]

포물선은 뭘까? 농구공 하나를 공중으로 비스듬히 던진다. 만약 공기저항 등의 요소를 고려하지 않는다면 농구공이 공중에서 그리는 곡선이 바로 포물선이다. 포물선에도 초점이 있다. 만약 초점이 되는 곳에 전구를 하나 놓는다면, 전구가 내는 광선은 포물선에 부딪혀 반사된 후, 한 다발의 평행광선이 된다. 반대로 포물선의 대칭축과 평행한 빛이 포물선에 비쳐 반사되면 초점에 모이게 된다. 이 성질이 바로 포물선의 광학적 성질이다[그림 1-2].

포물선을 대칭축을 기준으로 한 바퀴 돌려 얻은 곡면을 포물면이라고 한다. 포물선과 마찬가지로 포물면도 빛을 모으는 성질이 있다. 태양열 조리기는 이런 성질을 이용해 설계되었다. 태양빛이 대칭축 방향을 따라 태양열 조리기의 내벽에 닿으면 반사되어 초점에 모이게 되고 거기에서 매우 높은 온도가 발생한다. 어떤 태양열 조리기는 모양이 거꾸로 선 우산처럼 생겼는데 우산면은 성능이 우수한 반사재로 만들어지며, 우산면의 직경은 1m 남짓이다. 날씨가 맑은 날, 초점 위치의 온도는 섭씨 600℃~700℃까지 이를 수 있다. 영어로 Focus(초점)는 그리스어에서 유래한 것으로 '불'과 '화로'를 의미한다. 태양열 조리기의 출현으로 '초점'이 이름값을 하게 되었다.

역사상 최초로 포물면의 광학 성질을 이용한 사람이 고대 그리스의 전설적인 수학자 아르키메데스다. 전설에 의하면, 고대 로마군이 바다에서 시라쿠스성을 진격하려 할 때 아르키메데스는 거대한 포물경에 빛을 모아 로마군의 배를 불태웠다고 한다. 재미있는 것은 고양이의 귀도 회전포물면이라는 것이다. 고양이는 청각이 무척 예민해서 극히 미약한 소리도 귀를 벗어날 수 없는데, 원래 소리가 귓바퀴를 통해 반사되어 청각기관에 모인다고 한다.

포물면의 광학적 성질은 많은 분야에서 응용되고 있다. 손전등, 무대 조명등의 반사 덮개는 모두 포물면으로 이 등이 뿜어내는 빛은 모두 하나의 평행선으로 매우 멀리까지 비출 수 있다. 각종 음파와 전파를 수신하는 레이더와 건물의 옥상에 설치된 위성 TV 수신 안테나도 포물면을 띤다. 음파, 전기파도 빛의 전파와 같은 성질을 가지므로 한 다발의 음파가 대칭축의 방향을 따라 움직이다가 포물면에 전달되면 반사되어 초점에 모인다.

포물선과 상반되는 쌍곡선의 광학 성질은 '산발성'이다. 초점에서 나온 빛이 쌍곡선의 반사를 거쳐 사방으로 흩어진다[그림 1-3]. 이런 성질도 용도가 있다. 공항이나 기차역 광장, 운동장 등의 불빛은 사방으로 빛을 비추는데, 바로 쌍곡면으로 반사경을 만들었기 때문이다.

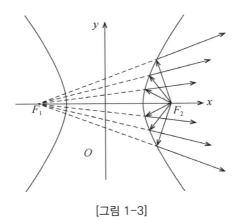

[그림 1-3]

톱니바퀴는 항상 둥글까?

　우리가 일반적으로 보는 톱니바퀴의 기본 틀은 모두 얇은 원기둥형으로 이 원기둥 모양의 틀 위에 홈을 가공해서 기어를 만든다. 왜 원기둥형을 쓸까? 이것은 두 원이 서로 접할 때 중심거리가 두 원의 반지름의 합과 같기 때문이다. 이 특성을 이용해 두 톱니바퀴(원)의 중심(원의 중심)에 작은 구멍을 내고 두 축을 각각 두 톱니바퀴의 중심에 설치해 두 축의 거리를 조절한다. 두 톱니바퀴의 크기를 조절하면 두 축 사이의 거리(중심거리)를 두 톱니바퀴의 반지름의 합과 같게 할 수 있다. 따라서 톱니바퀴가 어느 위치로 돌아가든지 간에 두 바퀴는 헛돌지도, 눌리지도 않는다.

　만약 톱니바퀴의 모양을 바꾼다면 어떻게 될까? 예를 들어 톱니바퀴 하나는 원형, 다른 하나는 타원형이라고 생각해 보자.

　[그림 1-4] (a)와 같이, 축을 각각 원의 중심과 타원의 중심에 설치해 두 축 사이의 거리를 원의 반지름과 타원의 장축의 반($\overline{OA}$)의 합과 같게 한다. 그러면 바퀴가 약간 움직일 때 두 바퀴가 바로 공중에서 빠지게 된다. 즉, 두 바퀴는 서로 만날 수 없게 된다[그림 1-4] (b).

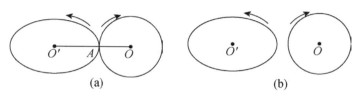

(a)　　　　　　　　　　(b)

[그림 1-4]

[그림 1-5]와 같이 두 축 사이의 거리가 원의 반지름과 타원의 단축의 반($\overline{O'B}$)을 합한 것과 같다면, 이 톱니바퀴에 눌리는 현상이 발생해 전혀 돌아갈 수 없다.

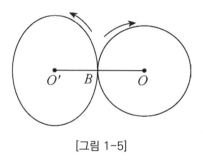

[그림 1-5]

그렇다면 톱니바퀴는 반드시 원형만 써야 하는 걸까? 하지만 이것은 확실하지 않다. 두 개의 타원형 톱니바퀴로 그 원리를 확인해 보자.

[그림 1-6]과 같이 두 타원형 톱니바퀴의 크기는 같고 축은 각 타원의 오른쪽 초점에 설치한다. 그러면 타원형의 톱니바퀴가 회전할 때, 절대로 헛돌거나 눌리는 현상이 발생할 수 없다. 만

약 흥미가 있다면, 나무판자를 타원형으로 두 개 잘라 직접 시험
해 보길 바란다.

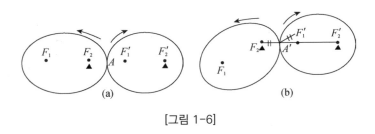

[그림 1-6]

크기와 모양이 같은 타원형 톱니바퀴 두 개가 맞물려서 운동
할 수 있는 이유는 무엇일까? 이는 타원 위의 임의의 점으로부
터 두 초점까지의 거리의 합은 장축의 길이와 같기 때문이다([그
림 1-7]에서 $\overline{AA'}$가 장축이다). [그림 1-6]의 (a)에서 두 타원의 접점
A에서 두 장축의 초점 F_2, F_2'까지의 거리를 합하면 장축의 길
이가 된다.

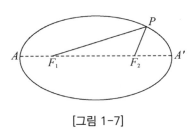

[그림 1-7]

두 타원을 [그림 1-6] (b)의 위치까지 회전하였을 때, 접점 A'

에서 두 장축의 초점 F_2, F_2'까지의 거리를 합하면 $\overline{A'F_2}+\overline{A'F_2'}$ 이다. 두 타원의 크기가 같기 때문에 $\overline{A'F_2}=\overline{A'F_2'}$이므로,

$$\overline{A'F_2}+\overline{A'F_2'}=\overline{A'F_1'}+\overline{A'F_2'}$$

이다. 이것은 마침 타원 위 한 점에서 두 초점까지의 거리를 합한 것으로, 장축의 길이와 같다는 결론과 일치한다. 따라서 접점에서 두 장축 위의 초점 사이의 거리의 합은 장축의 길이와 같다. 그러므로 두 개의 타원형 톱니바퀴는 순조롭게 회전할 수 있으며, 결코 허공으로 벗어나거나 눌리지 않는다.

원형이 아닌 톱니바퀴는 응용 범위가 매우 넓어 수도유량계에는 한 쌍의 타원형 톱니바퀴가 사용된다.

핼리혜성

행성과 혜성이 태양 주위를 돌면서 움직이는 궤도는 타원이다. 위성이 지구를 도는 궤도 또한 타원이다.

발사된 어떤 인공위성의 원거리가 2,368km, 근거리가 441km이고 지구를 한 바퀴 도는 시간이 114분이라고 할 때, 그 원거리와 근거리에 근거해 우리는 이 인공위성의 타원궤도 방정식을 유도해낼 수 있다. 최근 몇 년 동안 우주 산업은 비약적으로 발전해 인공위성의 수는 갈수록 증가하고 있다.

핼리의 예언

인간의 위성에 대한 인식은 비교적 이르지만, 혜성에 대한 인식은 훨씬 늦었다. 중국 고대에서는 혜성을 '빗자루별'이라 불렀는데, 이는 사람에게 재난을 가져다줄 별로 여겼기 때문이다. 1680년의 대혜성이 출현한 후, 뉴턴은 『자연철학의 수학적 원리』라는 책을 출간했다. 그는 자신이 얻은 만유인력의 법칙에 근거해 대혜성의 타원 궤도를 계산해냈으며, 500~600년마다 한 번씩 태양 부근으로 돌아올 것이라고 예측했다.

원래 혜성의 궤도는 타원이지만 이 타원은 매우 납작해, 때로는 지구에서 멀리 떠나기도 한다.

뉴턴의 친구인 핼리는 뉴턴의 아이디어에 힌트를 얻어 1531년과 1607년에 출현한 혜성의 궤도가 매우 유사하고 자신이 관측한 1682년에 출현한 혜성의 궤도와도 매우 유사하다는 것을 발견했다. 그는 이미 나타난 세 번의 혜성이 아마도 같은 혜성일 것이라고 추측했는데 만약 이 추측이 성립한다면, 이 혜성의 주기는 76년이라고 계산했다. 그래서 그는 1758년에 이 혜성이 다시 나타날 것이라고 예언했다. 하지만 혜성이 다시 찾아오는 순간까지 생존할 수 있는 사람이 주변에 많지 않기 때문에 핼리가 허풍을 떤다고 비웃었다.

1743년 프랑스 수학자 클레로는 이 혜성이 1758년이 아닌 1759년에 다시 출현할 것으로 내다봤다. 1759년이 되자, 하늘에 정말 긴 꼬리를 끌며 혜성이 나타났다. 이 일은 과학계에 센세이션을 일으켰는데, 그것은 핼리의 예언이 적중한 것으로 과학의 승리라는 것을 실증했기 때문이다. 핼리의 공적을 기념하기 위해서 사람들은 이 혜성을 '핼리혜성'이라고 부르게 되었다.

혜성이 빗자루별?

고대 사람들이 혜성을 '빗자루별'로 여겨 재앙을 몰고 온다고 여긴 것처럼 각국에 비슷한 설이 있다. 1910년, 핼리혜성의 등장으로 역사가 극적으로 전개된 적이 있었다.

어느 천문학자가 계산 착오로 1910년에 핼리혜성이 다시 출현할 것이며 지구와 충돌할 것이라고 예언했다. 그러자 '세계의 종말'이 임박했다는 소문이 돌았다. 한순간 세상은 공포로 가득했고, 사람들은 절망하며 두려움에 떨었다. 하지만 문제는 그렇게 심각하지 않았다. 천문학자들이 다시 계산해 보니 지구와 충돌하지 않고 단지 그것의 꼬리가 지구를 쓸고 갈 뿐이라는 것을 확인하였다. 이에 사람들의 절망적인 정서는 가라앉았지만, 그래도 공포는 여전히 남아 있었다. 비록 핼리혜성이 지구와 충돌하지는 않을지라도 그것의 '꼬리'는 맹독성 물질로 이루어져 있기 때문에 사람들은 혜성에 치여 죽지 않더라도 그 꼬리에 의해 독살당할 것이라며 두려워했다.

이날을 조마조마하게 기다린 사람들의 결과는 어땠을까? 당연히 모두 무사하였고 단지 하늘에 아름답게 펼쳐진 광경을 볼 뿐이었다.

천문 현상은 사람들을 때때로 기우에 빠지게 만들기도 하고 어떤 이들은 목적을 가지고 이를 이용해 우매한 사람들을 선동하며 사회를 어지럽히기도 한다.

1555년 프랑스의 예언자 노스트라다무스는 1999년 7월 인류에게 큰 재난이 닥칠 것이라고 예언했다. 또한 1970년대에 이르러 한 일본인은 이 예언을 아시아에 전파하면서 아주 그럴듯하게 '인류 대재앙'은 1999년 8월 18일에 발생한다고 주장했다. 그는 "그날 태양계의 10개 별들이 십⁺자로 배열돼 '공포의 대십자'로 불릴 것"이라고 했다.

이 재난 예언에 대한 언론의 조사에서 약 30%의 응답자가 '발생 가능성이 있다'고 여겼고, 47%는 '발생 가능성이 없다', '일어날 수 없는 일이다'라고 응답했다. 11%의 사람들은 '어떤 일이 일어나더라도 큰 영향은 없다'라고 하였으나 1%는 '상당히 걱정하고 있다'고 답했다.

최근 핼리혜성이 지구에 출현한 것은 1985년이다. 사람들은 당황하지 않았고, 더 이상 놀라지도 않았으며 불운을 느끼지도 않았다. 오히려 핼리혜성의 진행과정에 대해 이야기하고 천문대에 올라가 실황을 관찰하거나, 텔레비전 앞에 삼삼오오 모여 앉아 생생한 장면을 시청했다.

핼리혜성의 미래

예측에 의하면 핼리혜성의 다음 회귀는 대략 2061년 혹은 2062년이다. 일반적으로 공전 주기가 200년보다 짧은 혜성은 단주기 혜성이라고 한다. 가장 짧은 혜성은 '엥케 혜성Encke's comet'으로 3년 106일에 한 번씩 지구에서 목격할 수 있다.

공전 주기가 200년이 넘는 혜성은 장주기 혜성이라고 한다. 궤도가 납작하기 때문에 태양으로부터 멀어질 때 9대 행성의 운행 범위 밖까지 뻗어나갈 수 있다. 왕왕 몇백 년, 몇천 년, 심지어는 더 오랜 시간이 지나야만 태양 부근에 한 번 돌아올 수 있다.

그렇다면 우주에는 몇 개의 혜성이 있을까? 어떤 사람은 태양계의 혜성의 총수가 약 1,000억 개나 될 것으로 추측한다.

타원 면적과 카발리에리

원 면적은 πr^2이다. 그러면 타원 면적은 어떻게 구할까? 카발리에리^{Cavalieri}라는 이탈리아 수학자의 아이디어를 살펴보자.

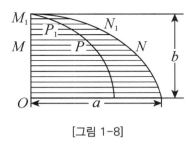

[그림 1-8]

[그림 1-8]과 같이 원과 타원의 $\frac{1}{4}$을 그린다. 타원의 장축 길이의 $\frac{1}{2}$을 a, 단축 길이의 $\frac{1}{2}$을 b라고 하고, 원의 반지름을 타원의 단축 길이의 $\frac{1}{2}$과 같다고 하자.

여기에 카발리에리는 장축에 평행하도록 일련의 평행선을 그었다. 카발리에리는 타원의 성질에 따라, 장축에 평행인 어떤 직선이 단축과 만나는 점을 M, 원둘레와 만나는 점을 P, 타원둘레와 만나는 점을 N이라고 가정하면, 이 직선의 원 내부에 표시되는 부분 MP와 타원 내부 부분 MN의 비는 모두 $\frac{b}{a}$라고 추론했다.

장축에 평행한 직선이 모두 이런 성질을 가지고 있으며 면적은 선으로 구성되므로, 카발리에리는 원의 $\frac{1}{4}$에 해당하는 면적과 타원의 $\frac{1}{4}$에 해당하는 면적의 비도 $\frac{b}{a}$라고 생각했다.

따라서 원 면적과 타원 면적의 비도 $\frac{b}{a}$이다. 즉,

$$\frac{S_원}{S_{타원}} = \frac{b}{a}$$

이다. 또한

$$S_원 = \pi b^2$$

이므로

$$S_{타원} = \pi b^2 \times \frac{a}{b} = \pi ab$$

카발리에리는 위대한 물리학자 갈릴레오의 제자로 위의 방법을 '카발리에리의 원리'라고 부른다. 그는 '카발리에리의 원리'를 만든 뒤 『불가분량의 기하학』이라는 책을 저술해 찬사를 받기도 했지만, 책의 내용으로 적지 않은 비난도 받았다. 이는 학계의 세력다툼 때문은 아니었고 카발리에리의 원리가 당시 부족한 부분이 많았기 때문이다.

카발리에리의 원리는 함부로 사용해서는 안 되며 사용에 한계가 있다. 자칫 잘못 사용하면 웃음거리가 될 수 있는데 여기서 그 예를 하나 보여주려고 한다.

[그림 1-9]와 같이 $\overline{AB} > \overline{AC}$, 높이 $\overline{AD}$인 삼각형 ABC를 그린다. 그리고 선분 $\overline{BC}$에 평행이 되도록 선분 $N_1N_1{}'$, $N_2N_2{}'$, $N_3N_3{}'$, $\cdots$을 그린다. 점 N_1, N_2, N_3, $\cdots$과 점 $N_1{}'$, $N_2{}'$, $N_3{}'$, $\cdots$에서 $\overline{AD}$에 평행선 N_1M_1, $N_1{}'M_1{}'$, N_2M_2, $N_2{}'M_2{}'$, $\cdots$을 그린다.

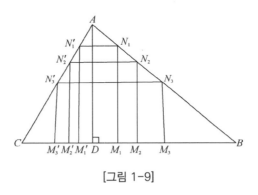

[그림 1-9]

카발리에리의 원리에 따르면, 면은 모두 선으로 이루어져 있다. 삼각형 ABD는 선분 N_1M_1, N_2M_2, N_3M_3, $\cdots$로 구성되고 삼각형 ACD는 선분 $N_1{}'M_1{}'$, $N_2{}'M_2{}'$, $N_3{}'M_3{}'$, $\cdots$로 구성되므로, $N_1M_1 = N_1{}'M_1{}'$, $N_2M_2 = N_2{}'M_2{}'$, $N_3M_3 = N_3{}'M_3{}'$, $\cdots$이다.

따라서 $S_{\triangle ABD} = S_{\triangle ACD}$이다.

만약 임의의 삼각형에 대해서 모두 이와 같은 증명을 한다면 어찌 이상하지 않겠는가.

줄 타는 곰돌이

앞으로 왔다 갔다 하는 곰돌이 장난감을 본 적이 있는가? 그 구조를 보면 장난감의 받침대는 판자로 되어있고 판자에 둥근 구멍이 뚫려 있다. 둥근 구멍 안에 움직이는 작은 원판이 따로 있다. 그리고 작은 원판의 가장자리 위치에 철끈이 수직으로 세워져 있으며 그 끝에는 작은 곰 하나가 놓여 있다. 받침대의 적당한 위치에 가느다란 작은 막대가 놓여 있고, 그 사이에 철끈을 당기면 작은 곰의 발아래에 온다.

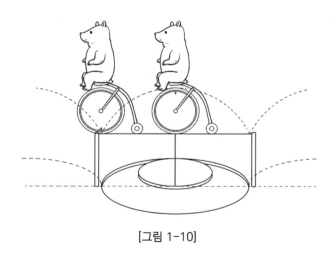

[그림 1-10]

이 장난감을 가지고 노는 방법은 손으로 작은 원판을 움직여 그것을 큰 둥근 구멍의 둘레벽에 밀착시켜 굴리면 작은 원판 위의 곰이 자연스럽게 운동을 하게 된다. 특이한 것은 작은 원판은 굴러가는 반면, 곰은 직선운동을 하므로 마치 곰이 철끈 위를 걷는 것처럼 보인다[그림 1-10].

왜 원판은 굴러가고 곰은 직선운동을 하는 걸까? 자전거 바퀴에는 공기를 주입하는 구멍이 있다. 만약 이 구멍을 하나의 점으로 보면, 자전거 바퀴가 앞으로 굴러갈 때, 이 점은 어떻게 운동할까? 그것의 운동 궤도는 어떻게 될까? 머릿속으로만 상상하는 것이 쉽진 않다. 손으로 직접 그려 보자[그림 1-11].

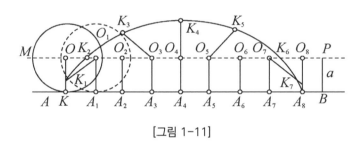

[그림 1-11]

바퀴를 앞으로 1바퀴 굴리면 원둘레 길이만큼 굴러간다. 원둘레의 길이를 8등분하면 하나의 부분은 원둘레의 $\frac{1}{8}$ 이다.

처음 굴리기 시작할 때, 공기 구멍인 점 K가 가장 낮은 곳 즉, 바닥에 있다고 가정하자.

바퀴가 원둘레의 $\frac{1}{8}$만큼 굴렀을 때, 구멍은 점 K_1의 위치가 된다.

바퀴를 다시 원둘레의 $\frac{1}{8}$만큼 굴리면, 구멍은 점 K_2의 위치가 된다.

바퀴를 또다시 원둘레의 $\frac{1}{8}$만큼 굴리면, 구멍은 점 K_3의 위치가 된다.

바퀴를 또 원둘레의 $\frac{1}{8}$만큼 굴리면, 굴러간 총 길이는 원둘레의 반이 되므로 구멍은 가장 낮은 지점에서 가장 높은 지점 즉, 점 K_4의 위치가 된다.

다시 굴리면 구멍은 가장 높은 곳에서 천천히 가장 낮은 곳으로 돌아가게 된다. 이러한 과정으로 구멍을 나타내는 점은 사이클로이드Cycloid 곡선을 그린다. 바퀴가 계속 앞으로 나아가면 곡선이 연속적으로 나타난다([그림 1-10]의 점선).

원이 직선을 따라 굴러갈 때, 원 위의 고정점의 궤도는 사이클로이드 곡선을 이룬다. 어떤 원이 다른 원의 안쪽 둘레를 따라 굴러가는 상황도 역시 어떤 원 위의 고정점의 궤도가 사이클로이드 형태의 곡선을 그리는데 이는 '내內사이클로이드'라고 한다. 또한 어떤 원이 다른 원의 바깥쪽 둘레를 따라 굴러가면 '외外사이클로이드'가 생긴다[그림 1-12].

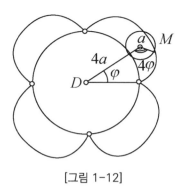

[그림 1-12]

    다양한 형태의 곡선을 그리는 자는 큰 원과 작은 원이 함께 있는 형태이다. 펜을 작은 원의 어느 구멍에 꽂고 작은 원을 밀어 큰 원의 안쪽 둘레에 바짝 붙여서 굴리면 작은 원이 굴러가면서 펜이 안쪽에 선을 연속적으로 그려 아름다운 도안이 그려진다. 하지만 작은 원의 반지름이 큰 원의 반지름의 절반일 때, 작은 원둘레의 어느 점의 운동 궤도는 하나의 직선, 즉 큰 원의 지름이 된다.

    [그림 1-13]에서 큰 원의 반지름은 R, 작은 원의 반지름은 $\frac{1}{2}R$이다. 원의 둘레는 반지름 길이와 정비례하므로 큰 원의 둘레도 작은 원의 둘레의 2배이다. 작은 원의 둘레를 4등분해 네 점 A, B, C, D로 나타낸다. 그러면 각 호의 길이가 작은 원둘레의 $\frac{1}{4}$, 큰 원둘레의 $\frac{1}{8}$이다. 처음에는 작은 원 위의 점 A에서 큰 원과 서로 접하고, 정점 C는 큰 원의 중심에 있다[그림 1-13] (a).

작은 원이 큰 원의 안쪽 둘레에 붙어 천천히 굴러가며 작은 원 위의 점 B가 큰 원둘레와 만나는 순간에 작은 원 위의 점 A, B, C, D의 새로운 위치를 점 A_1, B_1, C_1, D_1로 표시한다. 두 원이 점 B_1에서 서로 접하면 점 A_1은 큰 원의 둘레에서 벗어나고 점 D_1이 큰 원의 중심에 위치한다.

이때, $\angle B_1 D_1 A_1$은 45°이며 점 A_1은 큰 원의 지름 위에 위치한다 [그림 1-13] (b). 다시 굴리면 C_2가 큰 원둘레에 떨어지고 이때 A_2는 원의 중심에 위치한다[그림 1-13] (c).

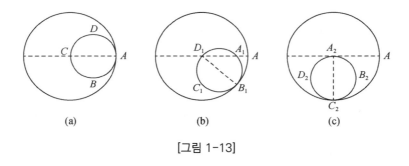

[그림 1-13]

마지막으로 작은 원을 한 바퀴 굴리면 작은 원의 둘레가 큰 원의 둘레의 반이므로 작은 원 위의 정점 A는 다시 큰 원의 둘레에 떨어진다. 따라서 작은 원 위의 정점 A의 운동 궤도는 큰 원의 지름임을 알 수 있다. '줄 타는 곰돌이' 장난감은 이런 원리에 따라 구상되었다. 작은 원이 어떻게 구르든지 간에 작은 원위의 정점(위쪽에 설치된 작은 곰)은 일직선을 그린다.

사랑의 기하학적 고백

데카르트는 17세기 프랑스 수학자로 해석기하학의 창시자이다. 중고등학교에서 배우는 평면 직교좌표계를 '데카르트 직교좌표계'라고도 부른다.

데카르트 같은 수학자가 사랑에 빠진다면 그는 사랑하는 사람에게 어떻게 고백할까?

데카르트는 스웨덴으로 건너가 아름다운 스웨덴 공주 크리스티나의 수학 선생님이 되었다. 공주는 아름다울 뿐만 아니라, 총명하고 영리해 두 사람은 곧 사랑에 빠지게 되었다. 그런데 국왕이 이 일을 알게 되었는데 '스승과 제자의 사랑'을 허락하지 않았을 뿐만 아니라 데카르트가 공주에게 보낸 모든 편지를 몰수했다.

이에 데카르트는 마음의 병을 얻게 되었고 곧 세상을 떠났다. 그는 죽기 전에 공주에게 마지막 비밀 편지를 보냈다. 편지에 뭐라고 쓰여 있었을까? 아마도 애잔한 사랑의 표현일 거라고 예상하겠지만 아니다. 편지에는 다음과 같은 식이 한 줄 쓰여 있었다.

$$r = a(1 - \sin\theta)$$

이 식의 뜻은 무엇일까? 물론 국왕과 신하들은 이것이 무슨 뜻인지 알 수 없어서 편지를 공주에게 전해 줄 수밖에 없었다. 공주는 비통한 심정으로 종이 위에 먼저 극좌표계를 그린 후 방정식을 만족하는 각 점을 표시해 편지에 담긴 비밀을 풀었고 바로 하트임을 확인했다[그림 1-14].

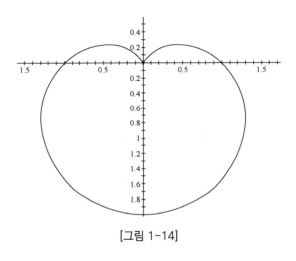

[그림 1-14]

로미오와 줄리엣의 러브스토리를 능가한다. 보아하니, 수학자도 나름의 낭만적인 방식을 가지고 있는 것 같다. 위 이야기의 진위를 가리기는 힘들겠지만 사실 데카르트와 크리스티나는 서로 알고 지낸 사이는 맞다. 수학사 기록에 의하면, 데카르트가 1649년 크리스티나의 초청으로 스웨덴에 왔을 당시 그녀는 이미 스웨덴의 여왕이었다. 그리고 데카르트는 크리스티나와 주로 철학 문제를 논했는데 기록에 따르면, 여왕은 매우 열심히 공부했다고 한다. 그녀는 자신의 스케줄을 매우 빠듯하게 관리했기 때문에, 데카르트는 매일 아침 네다섯 시에는 일어나 여왕과 철학을 토론할 수밖에 없었다. 그러다 스웨덴의 추운 날씨에 과로까지 겹쳐 데카르트가 폐렴에 걸렸다는 것이 그의 진정한 사인死因이었다.

하트 곡선에 대한 여러 가지 이야기

하트 모양의 곡선은 하나만이 아니며, 다른 함수로 서로 다른 '하트 곡선'을 구성할 수 있다.

[그림 1-15]는 방정식 $(x^2+y^2-1)^3=x^2y^3$의 그래프로 이 방정식의 그래프를 그리는 것은 결코 쉽지 않다.

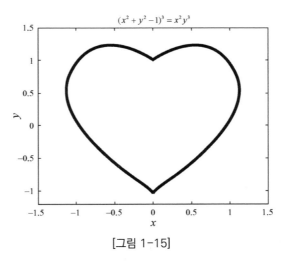

[그림 1-15]

다음과 같은 '하트 곡선' 방정식도 있다.

$$2+(y-3\sqrt{x^2})^2=1$$
$$x^2+(y+3\sqrt{x^2})^2=1$$

또한 원에 외사이클로이드를 이용해 하트 모양의 곡선을 그릴 수도 있다. 원의 외사이클로이드 곡선은 다음과 같이 그릴 수 있다.

먼저 원 O를 그리고 접하는 다른 원 A를 그린다. 원 O는 움직이지 않고 원 A를 원 O의 바깥 둘레를 따라 굴리면 [그림 1-16]을 얻을 수 있다.

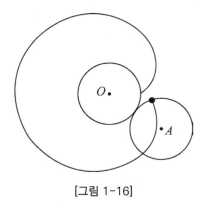

[그림 1-16]

어느 밸런타인데이에 4개의 함수, 반비례함수 $y=\dfrac{1}{x}$, 원 $x^2+y^2=9$, 절댓값 기호가 포함된 함수 $y=|2x|$, 그리고 y를 독립

변수로 하고 절댓값 기호를 포함한 사인 함수 $x=-3|\sin y|$의 그 래프로 나타낸 'LOVE'라는 문구가 인터넷상에 널리 퍼졌다[그림 1-17].

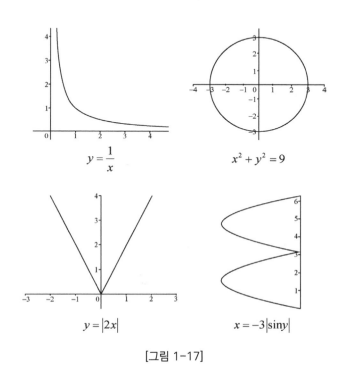

$$y=\frac{1}{x}$$

$$x^2+y^2=9$$

$$y=|2x|$$

$$x=-3|\sin y|$$

[그림 1-17]

사실 [그림 1-17]에서 알파벳 L을 나타내는 곡선은 그리 닮지 않았는데, 만약 함수를 $y=\dfrac{1}{100x}$로 바꾸면 그 곡선은 L과 더욱 비슷해질 것이다. 여러분도 직접 한번 그려보길 바란다.

최단강하곡선

두 점을 이어 선을 긋는다고 할 때, 이 선이 직선 혹은 곡선이라면 어떤 선이 가장 짧을까? 이 질문에 많은 사람은 당연히 직선이라고 답할 것이다.

그렇다. 직선이 가장 짧다. 그런데 이 문제를 조금 바꿔보자. 놀이공원에 미끄럼틀을 하나 만들려고 한다. 어린이들이 가장 높은 지점 A에서 가장 낮은 지점 C에 미끄러질 때 어떤 모양의 미끄럼틀에서 걸리는 시간이 가장 짧을까?

'두 점 사이의 직선거리가 가장 짧으니 당연히 직선 AB를 따라 미끄러져 내려오는 시간이 가장 짧다'고 말하는 사람도 있겠지만 이것은 틀렸다. 도대체 그 이유는 무엇일까?

우선 '가장 짧은 거리'와 '가장 짧은 시간'은 별개이다. 우리가 지금 연구하는 것은 시간이 가장 짧은 것이지, 거리가 가장 짧은 것이 아니므로 '당연히 미끄럼틀이 직선형이어야 한다'라는 생각은 맞지 않다. 그렇다면 어떤 모양일 때 최단 시간에 미끄럼틀을 탈 수 있을까? 이는 앞에서도 소개한 최단 강하 곡선 즉, 사이클로이드Cycloid 곡선인 경우이다.

갈릴레오는 1630년에 이 문제를 제기하였고, 그 자신도 답을 내었는데 그는 이것이 직선구간이라기보다는 원호가 되어야 한다고 생각했다. 그러나 이후 사람들은 이 답이 틀렸다는 것을 알았다. 1696년에 이르러 수학자 요한 베르누이가 이 문제를 해결하면서 최단 강하 곡선을 발견했다.

베르누이 가문은 많은 저명한 수학자를 배출하였으나, 이 가족은 불행히도 화목하지 못했다. 서로 명예를 쟁취하기 위해 경쟁했기 때문이다. 요한 베르누이는 의기양양하게 이 문제를 통해 다른 수학자에게 공개적으로 도전했다. 당시 유럽에서 지식인들은 이를 일종의 놀이로 여겼다. 요한 베르누이는 특히 그의 형 야곱 베르누이와 맞서는 것을 좋아했다. 야곱을 압박하기 위해 요한은 심지어 길거리 벽보까지 붙였다. 오래지 않아 야곱이 답을 내었으나 요한은 오히려 형의 해답 과정이 그다지 간결하지 못하다고 여겨 자신이 시합에서 이겼다고 생각했다. 하지만 실제로는 야곱의 답안이 생각할 가치가 더 컸다. 이후에 오일러는 야곱의 답에서 힌트를 얻어 수학의 새로운 분야인 '변분학'을 만들었다.

베르누이 형제는 모두 라이프니츠의 제자였는데 뉴턴과 라이프니츠는 줄곧 사이가 좋지 않았다. 이에 동생 요한은 스승 라이프니츠를 돕기 위해서 이 문제로 뉴턴에게 도전했다. 당시 뉴턴은 나이가 많았을 뿐만 아니라 여러 해 동안 신학에 몰두하면서 이미 자신의 연구 절정기를 넘긴 상황이었다. 그러나 뉴턴은 하룻밤 만에 이 문제를 풀어내고는 그 답을 익명으로 요한에게 보냈다. 요한은 뉴턴의 답인 줄도 모르고 자기도 모르게 감탄했다.

최단 강하 곡선이란, 직선 위에 놓인 원이 굴러갈 때 원둘레 위의 한 정점의 운동 궤도를 가르키며 그 식은 다음과 같다.

$$\begin{cases} x = a(\theta - \sin\theta) \\ y = a(1 - \cos\theta) \end{cases}$$

이와 같은 최단 강하 곡선의 일부분을 미끄럼틀로 만든다면 아이들이 미끄럼틀에서 미끄러져 내려오는 속도는 다른 어떤 선(흔히 직선이나 갈릴레오가 생각한 원호 포함)보다 빠르다. 그래서 '최단 강하 곡선'이 된다.

[그림 1-18]은 몇 개의 장면을 나타낸다. 세 개의 공을 각각 직선, 최단 강하 곡선, 직각을 낀 두 변으로 된 구간 위에서 떨어뜨리려고 한다. [그림 1-18] (a)의 출발 직전의 순간(세 공은 같은 위치에 놓여 있다)에서 시작해 [그림 1-18] (e)는 최단 강하 곡선 위에서 미끄러진 공이 가장 먼저 종점에 도착한 순간을 확인할 수 있다. 그다음으로는 직선 위의 공이 도착하고 직각을 낀 두 변을 따라 미끄러진 공이 마지막으로 종점에 도착한다.

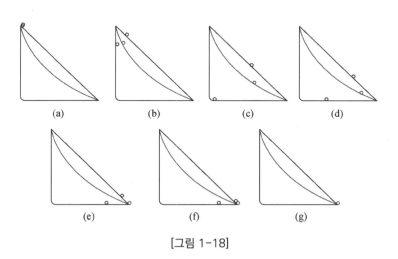

(a) (b) (c) (d)

(e) (f) (g)

[그림 1-18]

이것은 길이가 가장 짧다고 해서 시간이 덜 걸리는 것은 아니라는 것을 말해 준다. 사실 이 이치는 일상생활에서도 쉽게 발견된다. 예를 들어 A지점에서 B지점까지 걸어가야 할 때, 두 지점 사이의 직선 구간이 가장 짧긴 하지만, 진흙 지대를 지나야 하는 상황이 있다. A지점에서 C지점을 거쳐 B지점까지 가는 길은 멀기는 하지만 잘 닦인 시멘트 길이다. 이런 상황에서 직선 구간 AB는 반드시 시간을 가장 절약한다고 할 수 없으며, 길이가 좀 더 긴 거리 ACB에서 오히려 시간을 더 절약할 수 있다. 물론 미끄럼틀 문제와는 또 다른 문제이지만 그 의미는 통한다.

　많은 곤충의 생태를 들여다보면 한동안은 고치 속에서 살아 간다. 누에는 스스로 명주실을 토해내고 대다수의 딱정벌레 유충들은 나뭇잎을 이용해서 자신을 안에 말아 넣어 비바람을 막아낸다. '권엽 딱정벌레'는 말 그대로 잎을 말아서 둥지를 튼다. 게다가 잎으로 만든 둥지의 가장자리를 매우 가지런하게 만들 수 있는데, 이렇게 하여 비바람에 쉽게 망가지지 않게 된다.

어떻게 한 장의 잎에서 적당한 곡선을 잘라낸 후에 잎을 돌돌 말아, 가지런한 둥지를 만들 수 있는 걸까?

실제로 이는 쉬운 일이 아니지만 권엽 딱정벌레처럼 할 수 있다. 우리는 꿀벌이 뛰어난 건축가라는 것은 이미 알고 있다. 이제 보니 딱정벌레도 훌륭한 건축가이다. 물론 꿀벌이든 딱정벌레든 이렇게 가지런하고 아름다운 집을 만들어내는 것은 완전히 무의식적인 행동이며, 곤충들이 장기간 진화를 거쳐 형성된 일종의 본능이라 할 수 있다.

[그림 1-19]와 같이 딱정벌레는 입으로 재단을 하는데 이때 만들어진 곡선을 '신개선伸開線, Involute'이라 부른다. 서로 다른 곡선은 서로 다른 신개선이 있다.

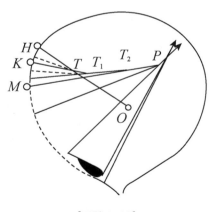

[그림 1-19]

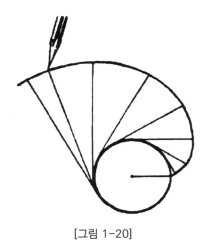

[그림 1-20]

[그림 1-20]은 원의 신개선을 그린 것이다. 가는 실 한 올로 원의 바깥 둘레를 감고, 실로 연필 한 자루를 묶는다. 그런 후에, 실을 천천히 풀면 연필은 천천히 하나의 곡선을 그리는데, 이 곡선이 바로 원의 신개선이다. 기어의 톱니는 종종 원의 신개선으로 나타난다.

바퀴의 모양

'바퀴는 꼭 둥글어야 할까?' 이것은 매우 간단한 문제처럼 보인다. 심지어 이걸 물어볼 필요가 있는지 의심스럽기도 하다. 바퀴는 당연히 둥근 거 아닌가! 그런데 어쩌면 믿지 못하겠지만 세상에는 둥글지 않은 바퀴가 있다. 다만 그것들의 용도가 비교적 특수해서 평소에 보기가 쉽지 않을 뿐이다.

일반적으로 바퀴는 둥글게 만들고 동시에 바퀴의 중심부에 바퀴 축을 설치한다. 이렇게 하면 바퀴가 굴러갈 때 바퀴 축에서 지면까지의 거리는 바퀴의 반지름과 같기 때문에 평평한 도로를 달릴 때 축에 장착된 바퀴는 평탄하게 유지된다. 이는 원의 기하학적 특성을 이용한 것이다.

원주 위의 임의의 한 점으로부터 원의 중심까지의 거리는 모두 같다.

만약 바퀴가 정사각형이라면, 가령 한 변의 길이가 1이라고 하자. 정사각형의 중심에서 한변에 이르는 거리는 $\frac{1}{2}$이고, 꼭짓점에 이르는 거리는 $\frac{\sqrt{2}}{2}$(약 0.7)이다. 바퀴 축을 바퀴의 중심에 설치하는데, 바퀴가 굴러갈 때 바퀴 축에서 바닥까지의 거리가 갑자기 커지거나 작아지므로 차체가 높았다가 낮았다가를 반복해 차에 탄 사람은 큰 흔들림에 시달리게 된다.

모든 사물은 양면성이 있다. 평평한 도로에서는 바퀴와 바닥의 접촉면이 작고 마찰력이 적어 차량이 안정되고 경쾌하게 운전할 수 있지만, 비나 눈이 오거나 땅이 얼어붙을 때는 바퀴가 미끄러지기 쉬워 제 속도를 내지 못한다. 게다가 일 년 내내 논에서 운행하는 농기계의 경우 흙탕물의 윤활 작용으로 인해 바퀴와 지면의 마찰계수가 현저히 감소해 차가 제자리에서 미끄러져 기계가 공회전하고 가동되지 않는 현상이 발생한다. 그래서 마찰력을 키우기 위해서 어떤 농기계 설계사는 독특하게 모양을 변형했는데 일반적인 둥근 바퀴 대신 마찰력이 큰 네모난 바퀴를 사용했다.

그렇다면, 네모난 바퀴의 트랙터를 운전하는 사람은 덜컹거리는 것이 두렵지 않을까?

이 문제를 해결하기 위해서 설계사는 교묘하게 바퀴의 중심부에 '회回'자형의 홈을 만들었는데, 바퀴가 굴러갈 때 바퀴 축이 홈에서 움직이며 바퀴 축에서 지면까지의 거리를 조절하게 했다. 이때 네모난 바퀴의 어느 곳이 지면에 닿든 바퀴 축에서 지면까지의 거리는 항상 같기 때문에 트랙터는 안정적으로 주행할 수 있다[그림 1-21].

[그림 1-21]

또 어떤 사람은 뒷바퀴가 타원형인 자전거도 만들었다. 이 자전거는 페달 없이도 사람이 안정적으로 타고 앞으로 움직일 수 있었는데 당시로서는 획기적인 물건으로 역사상 진기한 뉴스거리가 될 정도였다.

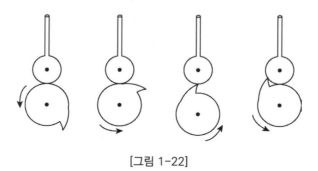

[그림 1-22]

현실에서는 자동차나 자전거 바퀴 외에 또 다른 바퀴도 볼 수 있다. 예를 들어, 공장에는 '캠'이라는 부품이 있는데[그림 1-22]

그것의 바깥 둘레는 원이 아니라 아르키메데스 나선[그림 1-23]이다. 이처럼 원이 아닌 도형으로 바깥 둘레를 만든 바퀴는 특별한 용도가 있다.

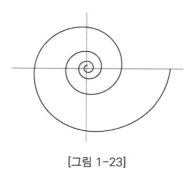

[그림 1-23]

캠이 회전할 때, 캠의 둘레에 바짝 붙어 있던 부품이 천천히 상승해 가장 높은 지점으로 올라간 후에, 갑자기 다시 가장 낮은 곳으로 돌아간다. 만약 부품이 칼이라면, 캠이 회전함에 따라 자동으로 칼이 들어가고 나갈 수 있지 않을까? 즉, 캠이 자동제어에서 큰 역할을 한다는 것을 알 수 있다. 만약 캠의 둘레를 원형으로 바꾼다면 결과는 또 어떻게 될까? 칼이 여전히 자동으로 들어가고 나갈 수 있을까? 우리는 칼이 자동으로 드나들지 못함을 쉽게 상상할 수 있는데, 이는 원의 중심은 하나로 반지름의 길이가 일정하다는 특징 때문이다.

정폭도형

왜 원형의 컵 뚜껑은 컵 안으로 떨어지지 않을까?

어느 날, 화라경 교수는 중학생을 대상으로 한 강연에서 '왜 찻잔 뚜껑이 찻잔에 빠지지 않는가'라는 이상한 질문을 던졌다. 이 얼마나 쉬운 질문인가! '찻잔 뚜껑이 찻잔보다 커서 당연히 빠지지 않는다'라며 몇몇 학생들이 자신있게 대답했다. 하지만 이 대답은 정확하지 않다. 만약 찻잔 뚜껑이 찻잔보다 작으면 컵에 빠지지만, 뚜껑이 찻잔보다 큰 경우에 빠지지 않는다는 보장이 없기 때문이다.

정사각기둥 모양의 찻잎을 보관하는 통이 하나 있다고 하자. 그것의 뚜껑은 정사각형으로 통의 입구보다 더 크지만, 찻잎 통 안에 쉽게 빠진다. 모양이 각기 다른 병 또는 통인 경우, 통의 입구가 삼각형, 오각형, 육각형, 마름모꼴, 달걀 모양의 뚜껑은 때때로 통 안으로 빠질 때도 있다.

정사각형의 대각선은 한 변의 길이의 $\sqrt{2}$ 배이므로 뚜껑을 똑바로 세우고 정사각형 뚜껑의 한 변을 정사각형 통 입구의 대각선 방향으로 내려놓기만 하면 뚜껑이 통 안으로 쉽게 빠진다[그림 1-24].

[그림 1-24]

정삼각형의 한 변의 길이는 높이보다 항상 더 길기 때문에 정삼각형 뚜껑의 높이를 정삼각형 통 입구의 한쪽에 대고 아래로 내리면 뚜껑이 통 안으로 빠진다. 같은 이유로, 정육각형의 대각선은 서로 평행한 두 변 사이의 거리보다 길기 때문에, 정육각형의 뚜껑을 입구의 대각선 방향을 따라 놓으면 통 안으로 빠질 수 있다.

정폭도형

앞서 살펴본 것과 같이, 뚜껑이 컵 입구보다 크다고 해서 반드시 뚜껑이 컵 안으로 빠지지 않는다고 할 수 없다. 이를 분명히 하려면, 우선 도형의 '폭'과 '지름'의 개념을 알아야 한다. 원에 지름이 있다면 직사각형에는 폭이 있다.

두 개의 평행선을 사용해 임의의 도형을 꽉 끼운다[그림 1-25]. 각도가 다르면 평행선 사이의 거리도 달라질 수 있다. 평행선 사이에 도형을 끼울 때, 두 평행선 사이의 거리가 가장 작은 순간이 있다. 이 최소 거리가 바로 이 도형의 폭이 된다.

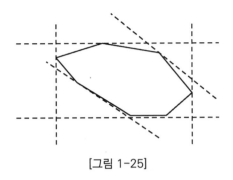

[그림 1-25]

따라서 삼각형과 오각형의 폭은 각각의 높이와 같고, 정사각형의 폭은 한 변의 길이와 같다. 또한 정육각형의 폭은 두 평행선 사이의 거리이며 원의 폭은 원의 지름이 된다.

원주 위의 임의의 두 점을 이으면 '현'이 생긴다. 지름은 원에서 가장 긴 현이다. 마찬가지로, 우리는 어떤 평면도형 위의 임의의 두 점을 이은 선분을 '현'이라고 부르고, 그중에서 가장 긴 현을 이 도형의 '지름'이라고 부를 것이다.

도형의 폭은 그것의 지름을 초과할 수 없다. 임의의 정다각형에 대해 말하자면, 그 폭은 반드시 그 지름보다 작을 것이다. 따라서 임의의 정다각형의 뚜껑도 컵 입구의 지름 방향으로 빠질 수 있는 것이다. [그림 1-26]은 정사각형의 폭이 한 변의 길이와 같으며 지름은 대각선-폭은 대각선보다 작다-과 같음을 보여준다.

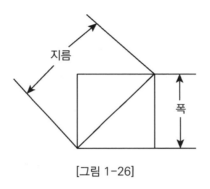

[그림 1-26]

원의 폭과 지름은 같으므로 둥근 컵 뚜껑이 컵 입구보다 조금 크다면, 어떻게 넣어도 컵 뚜껑이 컵 안으로 떨어지지는 않는다.

만일 어떤 도형의 폭과 지름이 같다면, 어떤 각도에서 두 평행선 안에 도형을 끼우든지 상관없이 평행선 사이의 거리는 모두 도형의 지름과 동일하게 된다. 이런 도형을 '정폭도형'이라고 한다. 따라서 '왜 원형의 컵 뚜껑은 컵 안으로 떨어지지 않을까?'라는 문제가 해결되는데, 이는 원이 '정폭 도형'이기 때문이다.

삼각 아치형

이제 새로운 문제를 생각해 보자.

"컵 뚜껑이 원형이면 컵 안에 빠지지 않을까?"

컵의 뚜껑이 반드시 원형일 필요는 없다. 컵의 단면을 삼각 아
치 모양으로 디자인해도 뚜껑이 컵 안으로 빠지지 않는다. 정삼
각형의 세 꼭짓점을 원의 중심으로 하고, 정삼각형의 한 변의 길
이를 반지름으로 세 개의 원호를 그려서 얻은 도형이 바로 삼각
아치형이다[그림 1-27]. 삼각 아치형은 정폭 도형으로 그것의
폭과 지름은 모두 원래 정삼각형의 한 변의 길이와 같다[그림
1-28].

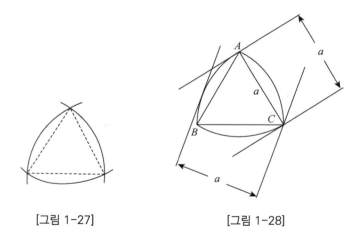

[그림 1-27]   [그림 1-28]

사람들이 무거운 물건을 운반할 때 두꺼운 판자 아래에 같은 크기의 원기둥을 몇 개 놓은 후에 판자 위의 무거운 물건을 밀어 올리는 것을 볼 수 있다. 무거운 물건을 앞으로 밀면 원기둥이 앞으로 굴러가면서 무거운 물건이 비교적 쉽게 운반된다. 그 이유는 무엇일까? 판자에서 바닥까지의 높이는 원의 지름으로 항상 일정하기 때문이다[그림 1-29].

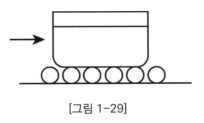

[그림 1-29]

원기둥을 이용해 무거운 물건을 운반하는 것은 흔히 볼 수 있는 일이다. 원기둥 대신 삼각 아치형 기둥으로 대체할 수도 있다. 왜 그럴까? 그 이유는 삼각아치형과 원은 공통된 성질이 하나 있는데 바로 정폭도형이기 때문이다. [그림 1-30]을 보자.

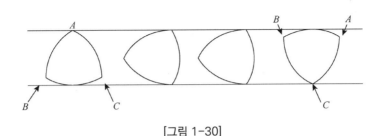

[그림 1-30]

삼각 아치형이 지면에서 구를 때 밑 부분과 지면이 한 점에서 접하고 꼭짓점과 판자도 교점을 가진다. 삼각 아치형과 판자의 교점이 삼각형의 한 꼭짓점 A라고 가정하면, 도형과 지면의 접점은 반드시 점 A가 마주 보는 호 BC 위에 있게 된다. 접점이 호 BC 위의 어느 점이든 그것과 꼭짓점 A와의 거리는 정삼각형의 한 변의 길이 a가 된다.

삼각 아치형이 앞으로 굴러가면서 점 A가 판자와의 교점을 벗어나 호 AB 위의 어떤 점으로 바뀌게 되고, 지면과의 교점이 삼각형의 꼭짓점 C일 때, 두 교점 사이의 거리는 여전히 a이다. 즉, 판자와 지면 사이의 거리는 여전히 a인 것이다. 따라서 삼각 아치형은 지면에서 안정적으로 구르며, 원기둥을 대신해 무거운 물건을 운반할 수 있다. 물론 현실에서 삼각 아치형으로 만들어진 기둥의 원가가 높다는 점을 고려해 사람들은 일반적으로 삼각 아치형의 기둥을 사용해 무거운 물건을 운반하지 않는다.

이와 유사한 것으로, 정오각 아치형, 정칠각 아치형 등도 모두 정폭도형이다. 만약 삼각 아치형을 이용해 통조림이나 컵을 만든다고 해도 그 뚜껑이 통조림이나 컵 안에 빠지는 일은 절대로 없을 것이다. 하지만 삼각 아치형과 같은 정폭 도형을 이용해 만든 컵 또는 물건은 매우 드물다. 그러나 기계 엔지니어는 일찍이 그것을 이용해 [그림 1-31]과 같은 공구를 고안했다.

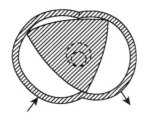

[그림 1-31]

'왜 원형의 컵 뚜껑은 컵 안으로 떨어지지 않을까?' 일상에서
사람들은 종종 이 문제에 대해 대수롭지 않게 여기고 넘어가기
일쑤이지만 과학자는 항상 평범한 사실 속에서 평범하지 않은
과제를 찾아내는 능력을 보여준다.

면적 재는 법

솜씨가 뛰어나고 영리해 두뇌 회전이 빠른 목수가 있었다. 어린 시절, 그는 우연히 『이솝우화』를 읽게 되었다.

"병 안의 물이 너무 낮게 담겨 있어 까마귀는 물을 마실 수 없었다. 그래서 까마귀는 작은 돌을 하나씩 병 속에 넣었는데, 물 높이가 서서히 높아지자 물을 마실 수 있었다."

목수는 까마귀의 지혜에 깨달음을 얻어 이야기의 숨은 원리에 근거해 관개용으로 물을 빼는 기계를 발명했다. 그리고 토지 면적 등을 계산하는 각종 도구도 발명했다. 그중에서도 가장 유명한 것은 다용도의 계산자다. 그는 이 계산자를 만들 때 '로그 logarithm'의 지식을 이용했다. 그러나 당시 초급 수학 수준에 불과하였던 그는 매우 힘든 환경 속에서 홀로 방법을 모색하다가 결국 계산자를 발명해낸 것이다. 그가 바로 중국의 '우진선'이라는 인물로 이후 수학을 전공하게 되었다고 한다.

우진선은 풍부한 수학적 아이디어를 가지고 있었는데, 그중에서도 탁상공론을 압도하는 아이디어 중 하나가 바로 '면적 재기'이다. 어떤 물체의 무게를 잴 때는 저울을 이용하는데 도형의 면적은 어떻게 저울로 잴 수 있을까?

　그의 고향인 칭위안현의 현장은 어느 현의 토지 일부분을 하
사받았다. 현장은 이 토지의 면적이 얼마나 되는지 알고 싶었
다. 당시 많은 사람에게 가르침을 청했지만, 누구도 면적을 측정
할 좋은 방법이 없었다. 학식이 좀 있는 사람도 난처해하며 "땅
의 모양이 네모반듯하거나 둥글다면 면적 공식을 쓰면 되니 구
하기 쉬울 텐데요."라고 말할 뿐이었다. 실제 토지의 형상은 사
방이 꼬불꼬불한 매우 불규칙한 모양이어서 그 면적을 정확하
게 측정해내기란 무척 어려운 일이었다. 현장은 결국 우진선에
게 가르침을 청할 수밖에 없었다.
　우진선은 이 문제를 구체적으로 고민한 후에 두말없이 현장
의 요구를 승낙했다. 그는 먼저 재질이 균일한 나무판자를 구해
와 나무판자 양면을 반들반들하게 대패질한 후 네모반듯하게
톱질했다. 그리고 나무판자를 재어 축척으로 계산해 그 면적을
1,000평방킬로미터로 설정했다. 또 나무판자를 저울에 달아 그
중량을 10냥이라고 했다. 그런 후에, 그는 칭위안현의 지형도를
이 목판 위에 복사했다. 그림의 윤곽선에 따라 톱질해 '나무지
도'를 만들었다. '나무지도'를 저울에 달아보니 그 중량이 7냥 5
전 3분 정도였다. 이를 다시 비율로 계산해 나무지도의 면적은
753평방킬로미터임을 확인했다. 이렇게 해 우진선은 물리적인

방법으로 칭위안현의 면적을 산출해낼 수 있었다.

　이탈리아의 유명한 물리학자 갈릴레오는 나선 문제를 연구할 때 두 가지 중요한 사실을 발견했다. 첫째, 나선의 길이는 상응하는 원둘레의 4배이다. 둘째, 나선의 아랫부분의 면적은 상응하는 원 면적의 3배이다. 첫 번째는 갈릴레오가 밧줄로 직접 재었고 두 번째는 갈릴레오도 우진선과 마찬가지로 무게를 달아 그 사실을 확인했다.

그림이 잘못 새겨진 묘비

아름다운 나선

앞서 말한 바와 같이 아르키메데스는 고대 그리스의 수학자로 유사 이래 가장 위대한 수학자 중 한 명이다. 아르키메데스는 평소 무슨 일에든 집중하는 편이었다. 그는 목욕할 때 자신이 무엇을 하고 있는지 자주 잊어버릴 정도로 무언가에 몰두했는데 끊임없이 손가락으로 진흙과 비누를 듬뿍 바른 자신의 몸 위에 각종 도형을 그렸다고 한다. 시간이 오래 지나서야 사람들은 그가 자신이 목욕하는 것을 잊었다는 것을 눈치챘고 부득이하게 그에게 그림을 그리지 말라고 당부했다고 한다.

어느 날, 아르키메데스는 시라쿠스 왕의 왕관 부피를 재는 방법을 고민하며 목욕을 하다가 부력의 법칙을 발견했다. 당시 그는 너무 기쁜 나머지 욕조에서 뛰쳐나와 자신이 벌거벗었다는 것도 잊고 큰길로 뛰쳐나와 "유레카!^{Eureka}(그리스어로 '발견했다'는 뜻)"라고 외쳤다.

이외에도 지렛대의 원리를 발견해 도르래와 지렛대를 설계해 큰 배를 바다에 보내기도 했다. 그는 입체도형인 원기둥과 구에 대한 애정이 남달라 가족들에게 '원기둥에 내접하는 구'의 기하학적 도형을 자신의 묘비에 새길 것을 부탁하기도 했다.

여기서 우선 아르키메데스가 나선을 발견했다는 이야기를 먼저 해야 한다. 아르키메데스의 나선은 '등속나선'이라고도 하는데, 점 하나가 같은 속도로 고정점을 벗어나면서 동시에 정해진 각도로 이 고정점을 감싸고 돌기 때문에 생기는 궤도가 아르키메데스의 나선이다. 아르키메데스는 저서 『나선』에서 이를 이렇게 묘사했다.

아르키메데스의 나선은 극좌표 방정식으로 $\rho = a\theta$(a는 상수)로 표현된다. 동점 A에서 정점 O까지의 거리 ρ와 회전하는 각 θ가 정비례함을 의미한다[그림 1-32].

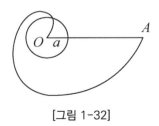

[그림 1-32]

간단한 방법으로 아르키메데스의 나선을 그릴 수 있다.

선 하나를 축에 감고 선의 동떨어진 부분에 작은 고리를 묶는다. 선축을 종이에 고정하고 작은 고리에 연필을 씌운다. 연필로 선을 팽팽하게 당겨 선을 탄력있게 유지한다. 그런 후에, 선축에서 점차 풀리는 선의 궤도를 그리면 나선을 얻을 수 있다.

아르키메데스 이후, 2000년쯤 지나 스위스 수학자 야곱 베르누이(요한 베르누이의 형)가 태어났다. 아르키메데스가 수준 높은 연구와 전기적 경력으로 유명한 것처럼 베르누이 가문 또한 명성이 대단했다. 야곱 베르누이도 나선 연구에 심취했다. 아르키메데스와 달리, 야곱 베르누이가 연구한 나선은 동점 A에서 정점 O에 이르는 거리 ρ와 각 θ 사이의 관계를 나타내는 것으로 이를 '대수나선'이라고 한다. 심도 있는 연구를 통해 야곱 베르누이는 대수나선이 각종 변환을 거친 후에도 여전히 대수나선임을 발견해 자신 또한 매우 놀랐다고 한다. 그래서 그는 가족들에게 대수나선을 "여러 가지 변환을 거쳤지만 여전히 원형 그대로이다."라는 찬사를 보내며 대수나선을 자신의 묘비에 새길 것을 당부했다.

50세 때, 야곱 베르누이는 '영생'의 희망을 안고 세상을 떠났다. 그런데 재미있는 것은 묘비를 새길 때 석공이 야곱 베르누이의 대수나선을 새겨야 하는데 실수로 아르키메데스의 나선을 새겼다는 것이다. 야곱 베르누이의 아내가 남편의 유언을 지키려고 애썼지만 아쉽게도 그녀는 수학에 문외한이었다. 그리해 이 묘비는 수학사의 '잘못된 사건'으로 남았다. 만약 야곱 베르누이가 이 사실을 알았더라면, 틀림없이 화가 나서 관을 박차고 나왔을 일이다!

대수나선 $\rho = ae^{b\theta}$(a와 b는 상수)[그림 1-33]

아르키메데스의 나선 $\rho = a\theta$(a는 상수)[그림 1-34]

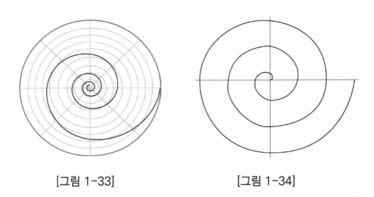

[그림 1-33]   [그림 1-34]

두 그림에서 볼 수 있듯이, 대수나선에서 거리 ρ는 지수의 θ 증가만큼 커진다. 한편, 아르키메데스의 나선은 각 θ와 거리 ρ가 정비례한다.

2장

따라하고 싶은 수학자의 방법

입체도형 이야기

제단의 전설

3대 작도 불능 문제 중의 하나인 '입방배적 문제'에 관한 무서운 전설이 있다.

먼 옛날, 고대 그리스에 큰 재난이 델로스섬을 덮쳐 사람들이 무더기로 역병에 걸려 잇따라 목숨을 잃었다. 끔찍한 재앙이 얼마나 더 계속될지 몰라 사람들은 불안에 떨며 태양신의 신전으로 가서 신의 비호를 청했다. 이때 한 승려가 신의 뜻을 얻었다며 신전의 제단을 2배로 확장해야만 역병을 억제할 수 있다고 알려주었다. 사람들은 이 소식을 듣고 매우 기뻐하며 비록 이미 역병으로 피로가 극에 달한 상태였지만 채석장으로 달려가 필사적으로 일했다. 마침내 거대한 화강석을 원래 제단의 2배인 정육면체로 만들었고 그것을 신전으로 옮겨 제단 위에 쌓았다.

그들은 이제 역병이 없어질 것이라고 여겼다. 그러나 역병이 줄어들기는커녕 오히려 더욱 맹위를 떨쳤다. 그러자 승려는 태양신이 원하는-제단의 부피가 2배가 되도록-정육면체가 아니라고 했다. 사람들은 계속 정신을 가다듬고 새로운 제단을 다듬을 수밖에 없었다. 이번에 그들은 원래 정육면체 제단의 모서리보다 두 배 더 늘린 새로운 제단을 만들었다. 그러나 이 새로운

74

제단이 태양신에게 바쳐졌을 때, 역병은 더욱 심하게 전파되었다. 승려가 말하길 태양신이 진노했다고 말했다. 왜냐하면 새 제단의 부피가 2배가 아니라 8배나 증가했기 때문이라는 것이다. 만약 원래 정육면체의 모서리가 1m라고 하면, 그 부피는 $1㎥$이다. 현재의 새 정육면체의 모서리는 길이가 2m이므로 부피는 바로 $8㎥$인 것이다.

모두 매우 당황해하며 어떻게 신의 뜻을 실현할 수 있을지 힘들어했다. 그중 몇 사람은 용감히 아테네로 가서 그곳의 수학자들에게 가르침을 청했다. 그러나 당시의 저명한 철학자이자 수학자였던 플라톤조차도 이 문제를 해결하지 못했다.

이때부터 입방배적 문제는 델로스 문제라고 불리게 되었다. 물론 이것은 단지 전설일 뿐이다. 하지만 일부에서는 당시 그리스인들이 자와 컴퍼스를 이용해 정사각형을 작도하였고 면적이 2배인 정사각형 문제를 해결할 수 있다고 여겼다. 그래서 그들도 자와 컴퍼스로 입방배적 문제를 해결하려고 했다. 즉, 그것의 부피가 주어진 정육면체의 2배가 되도록 만들고 싶었다. 하지만 여기서 큰 벽에 부딪힌다. 사실 자와 컴퍼스를 이용한 작도로는 입방배적 문제를 해결할 수 없기 때문이다. 만약 정육면체의 모서리가 a이고, 구하려는 정육면체의 모서리가 x인 경우, 식은 다음과 같다.

$$x^3 = 2a^3$$

$$x = \sqrt[3]{2}a$$

그러나 자와 컴퍼스만으로 길이가 $\sqrt[3]{2}a$인 선을 그을 수 없다. 이 때문에 플라톤은 일찍이 두 개의 목공용 각자를 설계했다. 설계 과정은 다음과 같다.

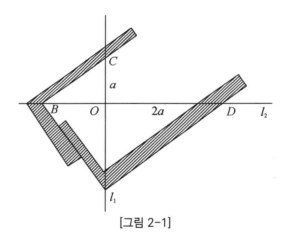

[그림 2-1]

먼저 서로 수직인 직선 l_1과 l_2를 그린다. 두 직선은 점 O에서 만나고 직선 l_1 위에 $\overline{OC} = a$가 되도록, 직선 l_2 위에 $\overline{OD} = 2a$가 되도록 한다. 그다음, 두 개의 각자를 [그림 2-1]처럼 놓아서 각자 하나의 한쪽은 점 C를 지나고, 꼭짓점은 l_2 위에 있고, 다른 각자의 한 쪽은 점 D를 지나고 꼭짓점은 l_1 위에 있도록 하며,

두 개의 다른 두 변이 겹치게 한다. 그러면 $\overline{OB}$의 길이는 바로 $\sqrt[3]{2}a$이다[그림 2-1].

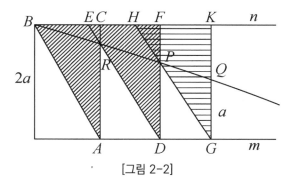

[그림 2-2]

고대 그리스의 천문학자 에라토스테네스도 [그림 2-2]와 같은 도구를 설계했다. 그는 두 평행자(m과 n) 사이의 거리가 $2a$가 되도록 세 개의 합동인 직각 삼각판을 끼워 놓았다(직각삼각형 ABC, 직각삼각형 DEF와 직각삼각형 GHK). 맨 왼쪽 삼각판을 고정하고 맨 오른쪽 삼각판의 $\overline{GK}$ 가장자리에 $\overline{GQ}=a$가 되도록 한다. 그다음, 맨 오른쪽과 가운데의 삼각판을 n에 따라 미끄러뜨려, 각 삼각판의 빗변과 인접한 삼각판의 직각변이 만나는 점 (P와 R)이 직선 $\overline{QB}$ 위에 오도록 한다. 이때 $\overline{DP}$의 길이는 바로 $\sqrt[3]{2}a$이다.

파리와 거미

　가로, 세로, 높이의 길이가 주어진 방이 하나 있다. 서로 마주보는 두 벽에서 한쪽 벽에는 파리가, 다른 한쪽 벽에는 거미가 있다. 거미는 바닥에서 1.5m, 파리는 천장에서 1.5m 떨어진 지점에 있을 때 거미가 파리를 잡기 위한 최단 경로는 어떻게 될까?

　이 질문에서 거미는 날지 않고 긴 거미줄을 설치할 수도 없으며 오직 벽을 따라 한 번에 한 걸음씩 파리를 향해 기어가야 한다. 다만 거미는 자유롭게 벽과 천장, 바닥을 지날 수 있다. 그러나 많은 노선 중에서 최단 경로를 찾기는 쉽지 않다.

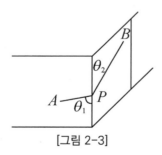

[그림 2-3]

　고무줄을 이용한 방법을 생각해 보자. 먼저 성냥갑으로 실험을 하려고 한다. 성냥갑에서 서로 이웃한 두 면에 각각 점 A와 점 B를 정하고 두 점 A와 B 사이를 고무줄로 단단히 묶는다. 두 면의 모서리에 고무줄이 닿는 지점이 P이다. 선분 $\overline{AP}$와 모서리가 이루는 각을 θ_1, 선분 $\overline{BP}$와 모서리가 이루는 각 θ_2의 크기가 서로 같다[그림 2-3].

점 B를 포함하는 면을 시계방향으로 90° 회전해 점 A를 포함하는 면과 동일한 평면에 놓는다. $\theta_1 = \theta_2$이므로 $\overline{AP}$와 $\overline{BP}$는 일직선을 이룬다[그림 2-4].

이 고무줄은 반드시 최단 경로여야 한다. 정육면체의 평면전개도에서 이 경로는 일직선이기 때문이다. 이 결론을 앞의 문제에 응용하면 해답은 훨씬 편하게 구할 수 있다.

방의 가로, 세로, 높이를 각각 7m, 6m, 4m라고 가정한다면, 거미(A)는 정면 벽의 바닥에서 1.5m, 벽 모서리에서 2m 떨어져 있다. 파리(B)는 맞은편 벽의 천장에서 1.5m, 모서리에서 1m 떨어져 있다[그림 2-5].

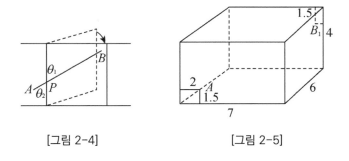

[그림 2-4] [그림 2-5]

방의 벽, 천장, 바닥을 같은 평면에 펼쳐놓았을 때, 거미가 이 펼침 그림에서 파리가 있는 지점까지 직선으로 기어가는 경로는 모두 4가지다[그림 2-6, 7, 8, 9]. 분명한 것은 천장과 바닥을 지나는 경로의 길이가 같기 때문에 [그림 2-6], [그림 2-7]에서 선분 AB의 길이만 계산하면 된다.

[그림 2-6] 또는 [그림 2-7]에서

$$\overline{AB} = \sqrt{1^2 + (1.5^2 + 6^2 + 2.5^2)}$$
$$= \sqrt{116} \fallingdotseq 10.77(\text{m})$$

[그림 2-8]에서

$$\overline{AB} = \sqrt{1^2 + (2^2 + 6^2 + 6^2)}$$
$$= \sqrt{197} \fallingdotseq 14.04(\text{m})$$

[그림 2-9]에서

$$\overline{AB} = \sqrt{1^2 + (5^2 + 6^2 + 1^2)}$$
$$= \sqrt{145} \fallingdotseq 12.04(\text{m})$$

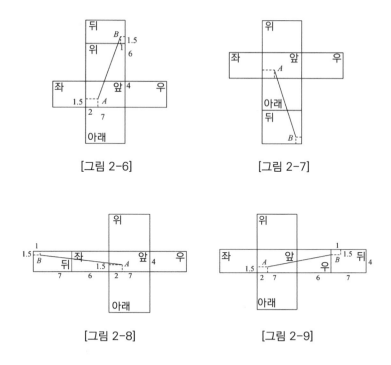

[그림 2-6]   [그림 2-7]

[그림 2-8]   [그림 2-9]

계산을 통해 [그림 2-6] 또는 [그림 2-7]의 경로가 가장 짧은 것을 확인할 수 있다. 거미는 천장이나 바닥을 지나 점 B까지 총 10.77m를 기어올랐다. 러시아 작가 톨스토이 역시 수학 애호가였는데 그는 이 문제에 매우 흥미를 보였다고 한다. 수학문제는 종종 유명인의 손을 거치면서 훌륭한 명성을 얻기도 하는데 이 문제는 그 자체만으로도 참 흥미롭다.

준정다면체와 축구

어떤 시험에 다음과 같은 문제가 출제되었다.

"중국에는 역사 깊은 금석 문화가 있다. 인신印信은 금석문화의 대표
중 하나이다. 인신은 직육면체, 정육면체, 원기둥 형태 등 모양이 다양
하지만, 남북조시대 관리인 독고신의 인신 모양은 '준정다면체'이다.
준정다면체는 두 가지 또는 두 가지 이상의 정다각형으로 둘러싸인 다
면체이다.

준정다면체는 수학의 대칭미를 구현했다. [그림 2-10]은 모서리의
수가 48개인 준정다면체로, 모든 꼭짓점이 동일한 정육면체의 표면에
있으며, 이 정육면체의 모서리 길이가 1이라면 이 준정다면체는 모두

(   )개의 면을 가지고 모서리의 길이는 (   )이다."

[그림 2-10]

이 문제의 첫 번째 질문은 준정다면체의 면의 개수를 구하는 것이다. 우리는 직접 세어 모두 18개의 정사각형과 8개의 정삼 각형을 확인할 수 있으므로 면의 개수가 모두 26개라는 것을 알 수 있다. 또한 준정다면체의 모서리는 모두 48개임이 주어졌다. 그렇다면 이 다면체의 꼭짓점은 모두 몇 개일까? 그림을 보고 하나씩 세어보면 모두 24개의 꼭짓점이 있다.

여기서 구한 면의 수, 꼭짓점의 수, 모서리 수 사이에 성립하 는 규칙이 있을까?

오일러 공식

꼭짓점의 수 V, 모서리의 수 E, 면의 수를 F라고 하면 다음 공식이 성립한다.

$$V - E + F = 2$$

이 공식을 다면체의 '오일러 공식'이라고 한다. 볼록 다면체라면 그것이 기둥, 뿔 또는 그것들을 잘라 만든 다면체, 준정다면체이든 상관없이 꼭짓점, 모서리, 면의 수 사이의 관계는 모두 이 공식에 부합한다. 이 공식을 통해 증명할 수 있는 것은, 정다면체는 5가지 밖에 없다는 것으로 정사면체(각 면이 정삼각형), 정육면체(각 면이 정사각형), 정팔면체(각 면이 정삼각형), 정십이면체(각 면이 정오각형) 그리고 정이십면체(각 면이 정삼각형)이다[그림 2-11]. 이 위대한 발견은 플라톤의 공이 크다.

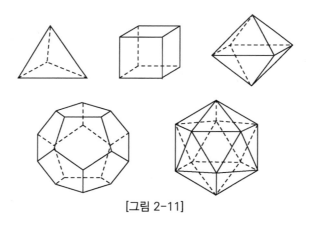

[그림 2-11]

플라톤은 기원전 427년에 태어났다. 약 2500년 전 사람이 5가지 정다면체를 발견하고 심지어 정확하게 5개뿐이라고 확인한 것이니 정말 대단하다! 플라톤의 정다면체 이론은 이성적 사고의 결과이다.

축구와 다면체

정다면체는 반드시 같은 종류의 다각형으로 구성되고 이런 다각형은 반드시 정다각형이다. 독고신의 인신은 정다면체가 아니라 두 종류의 정다각형(정사각형과 정삼각형)으로 이루어져 있어 '준정다면체'라고 불린다. 준정다면체는 여러 가지가 있는데, 모두가 잘 아는 하나의 예가 바로 축구공이다.

축구공 자체는 둥근 공으로 볼 수 있지만, 이 공은 준정다면체에서 공기를 주입해 변형된 것(축구공 표면이 가죽으로 되어 있고 팽창성이 있다)으로 축구공의 원형은 [그림 2-12]와 같다.

[그림 2-12]

이 준정다면체는 정육각형과 정오각형으로 이루어져 있는데, 모두 몇 개의 면으로 이루어졌을까? 모서리는 몇 개일까? 또한 꼭짓점은 몇 개일까? 오일러 공식을 이용하면 축구공의 원형은 정오각형과 정육각형으로 구성된 32면체로 이 중 정육각형(흰

부분)이 20개, 정오각형(검은 부분)이 12개이다. 정다각형의 개수를 알면 모서리와 꼭짓점의 개수는 계산하기 쉽다. 정답은 모서리 90개와 꼭짓점 60개이다.

재미있는 것은 60개의 탄소 원자로 구성된 풀러렌Fullerene은 축구공 모양으로 배열되었다고 한다. 그것은 60개의 꼭짓점과 32개의 면을 가지고 있는데, 이 중 12개의 면이 정오각형이고, 20개의 면이 정육각형이다[그림 2-13]. 축구공과 화학 분자는 겉보기에 전혀 상관이 없는 것처럼 보이지만, 구조는 이렇게 서로 통한다.

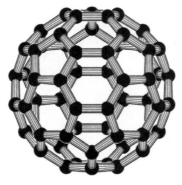

[그림 2-13]

위상수학

축구공의 원형은 정육각형 20개와 정오각형 12개로 이루어진 다면체이다. 구와 다면체, 하나는 회전체로 곡면이 있고 다른 하나는 평평한 면으로 이루어져 있다. 이치로는 이 두 가지는 서로 통하기 어렵다. 비록 현실에서 축구공의 가죽은 수축성이 있어 공기를 주입하면 다면체가 '구' 형태로 변하지만, 유클리드 기하에서는 엄연히 다르다. 구와 다면체는 서로 통할 수 없지만, 두 도형은 꼭짓점, 모서리, 면의 개수에서 서로 관련이 있다. 축구공이든 다면체 원형이든 그 꼭짓점, 모서리, 면의 개수는 모두 다면체 오일러 공식을 만족한다. 축구공을 납작하게 만들어도 그것은 여전히 다면체 오일러 공식을 만족시키는데 이는 '고무막 위의 기하학'이라고 불리는 위상수학Topology을 탄생시켰다.

기하 도형이 연속적으로 형태를 바꾼 후에도 그것의 일부 성질은 변하지 않을 수 있다. 위상수학은 이들 사이의 변함없는 연결 관계만을 연구한다.

우리가 흔히 보는 지하철 노선도는 지하철의 실제 운행 노선의 위상 변형이다. 가령 A, B, C의 세 개의 역이 있다고 가정하면, A역에서 B역까지의 거리는 3㎞, B역에서 C역까지의 거리는 6㎞이다. 비록 역 사이의 거리가 다르지만, 노선도에는 나타나지 않는다. 왜냐하면 우리의 관심사는 역의 순서에 있기 때문이다.

위에서 다면체 오일러 공식이 $V-E+F=2$라고 소개했다. 주의할 것은 이것은 볼록 다면체에 대한 것이다. 우변의 '2'를 오일러 상수라고 한다.

그렇다면 오일러 상수는 다른 값이 될 수도 있을까? 가능하다! 엄밀히 말하면, 오일러 다면체 공식은 $V-E+F=X$라고 써야 하며, 다면체 P의 오일러 상수는 일반적으로 $X(P)$로 써야 한다.

따라서 공식은 $V-E+F=X(P)$로 고쳐 쓸 수 있다. 축구공의 원형인 다면체처럼 다면체 하나에 공기를 주입한 후 '구' 모양으로 변하는 경우를 수학에서 '위상동형'이라고 하는데, 구면과 위상동형인 다면체의 오일러 상수는 2이다. 만약 다면체가 고리 손잡이가 있는 구면과 위상동형이라면 그때의 오일러 상수는 2가 아닌 값으로 나타난다.

다면체의 꼭짓점, 모서리, 면의 수에 관한 내용은 결코 간단하지 않다. 이는 다각형의 오일러 공식뿐만 아니라 현대 수학에서 그래프 이론과 위상수학을 이끌어냈다. 위상수학은 현대 수학의 중요한 갈래로 물리학 발전에 깊은 영향을 미쳐 양자역학, 상대성이론 등의 연구에 중요한 작용을 했다.

 백화점에는 화려한 포장이 되어 있는 상품들이 많다. 특히 최근 몇 년 동안 물류 산업이 발전함에 따라 포장상자의 소모량은 놀라울 정도로 늘었다. 그런데 포장상자를 대량으로 사용하는 것은 화물 자체의 원가를 증가시킬 뿐만 아니라 대량의 자원을 소모해 심각한 자원낭비, 환경오염을 초래한다. 따라서 포장상자를 생산하는 과정에서 발생하는 폐품을 어떻게 줄일 수 있을지 연구하는 데 의의가 있다. 일반적으로 포장상자는 큰 골판지를 재단한 것이다. 어떻게 하면 재료를 가장 적게 쓰며 낭비를 최소화할 수 있을지 생각해 보자.

 한 변의 길이가 10cm인 정육면체 종이상자를 만들려면 가로 40cm, 세로 30cm 크기의 직사각형 골판지가 필요하며 이때 종이상자 표면적은 600㎠이다. 이 종이상자를 만든 후, 남은 골판지의 면적은,

$$10 \times 10 + 10 \times 10 + 10 \times 20 + 10 \times 20 = 600(㎠)$$

이다. 그런데 이용되는 면적과 낭비되는 면적이 모두 600㎠으로

이용률은 50%다. 이렇게 많은 골판지가 낭비되다니 얼마나 아까운가[그림2-14].

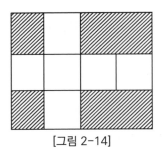

[그림 2-14]

그래서 누군가가 새로운 재단 방법을 생각해냈다. 두 도형이 돌출된 부분을 서로 이용하면 [그림 2-15]와 같은 방법을 얻을 수 있다. 이렇게 하면 가로 50cm, 세로 40cm의 직사각형 골판지에 상자 두 개를 자를 수 있고, 남은 재료의 면적은 800㎠로 이용률을 60%까지 높일 수 있다. 이전 방법보다 약간 개선되었지만, 여전히 만족스럽지 못하다.

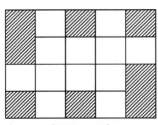

[그림 2-15]

정육면체는 여섯 개의 면을 가지고 있으며 밑면의 정사각형에서 출발해 다시 그 둘레에 네 개의 정사각형을 두는데, 이것이 바로 종이상자의 옆면이다. 다음으로 윗면을 생각할 수 있다. 위의 두 가지 펼침 그림에서 이 윗면의 정사각형을 위해서 많은 재료를 낭비했다. 따라서 더 나은 답을 찾기 위해서는 펼침 그림의 윗면 위치를 적절히 조절하는 것이 관건이다.

기하 도형의 변형은 때때로 예상치 못한 결과를 낳을 수 있다. 만약 윗면을 네 개의 직각이등변삼각형으로 만든다면 각각의 조각을 종이상자의 옆면으로 분배할 수 있고 다음과 같은 기적이 일어난다.

이 종이상자의 부피는 변함없지만 이용률은 75%에 이를 수 있다 [그림 2-16].

종이상자를 만드는 제조회사들이 이런 설계안대로 종이상자를 만든다면 매우 많은 재료를 아낄 수 있다.

[그림 2-16]

위의 문제와 관련된 재미있는 문제가 있다. 1980년 일본 「수리과학」 잡지의 '지적유희 특집'에 발표된 것이다.

[그림 2-17]은 4×4의 정사각형 모눈종이로 이를 접어서 하나의 정육면체를 만들려고 할 때, 각 격자를 보존하면서 가능한 한 부피를 크게 하는 방법은 무엇일까?

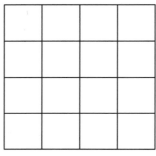

[그림 2-17]

먼저 떠오르는 생각은 [그림 2-18]의 방법(음영 부분을 잘라내는 것)이다. 아쉽게도 접어서 만든 정육면체는 결코 크지 않다. 각 모서리가 모두 1이기 때문에 부피는 1이다.

[그림 2-19]의 방법은 생각하기 쉽지 않다. 그림 속의 점선을 따라 접는 것을 한번 시도해 보자.

결과는 뜻밖에도 정육면체이다. 접어서 만든 이 도형은 밑면만 온전하고, 나머지 각 면은 모두 여분의 재료로 짜 맞춰진다.

물론 이론적으로는 [그림 2-19]의 방법으로 잘라낸 상자는 경제적이면서 이용률도 75%에 달해 [그림 2-16]과 이용률 수치가 같다. 하지만 [그림 2-18]의 방법이 실제적으로는 활용도가 높을 것이다. 선물 포장을 위해 필요한 종이상자를 재단하고 제작하는 데 이렇게 많은 고민이 있을 줄은 생각지도 못했다.

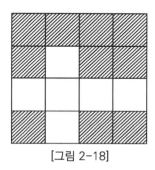

[그림 2-18]

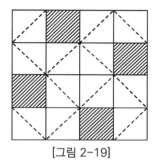

[그림 2-19]

벌집 문제의 계산

벌은 대단한 '건축가'로 벌집은 재료가 가장 덜 드는 구조이다. 그런데 알고 있는가? 벌집의 계산에는 많은 감동적인 이야기가 있다는 것을.

18세기 초 프랑스 학자 말라치는 벌집을 실제로 측정했는데, 각 벌집의 밑 부분을 이루는 각이 모두 109°28′과 70°32′로 측정되었다. 말라치는 왜 벌집이 모두 이런 모양인지 의문이 생겼다. 그는 스위스의 수학자 크니그에게 가르침을 청했다.

크니그의 계산 결과는 사람들을 놀라게 했다. 이론적으로 가장 적은 재료로 가장 큰 육각기둥 용기를 만들려고 한다면 이 용기의 밑면의 각도는 109°26′과 70°34′가 되어야 한다는 것이다. 실측 결과와 이론상 수치의 차이는 2′에 불과하다. 꿀벌의 뛰어난 감각은 정말 사람을 감탄하게 만든다.

몇 년 후, 스코틀랜드 수학자가 새로운 수치표를 이용해 벌집의 밑 부분 각을 다시 계산한 결과, 바로 109°28′과 70°32′로 실제 벌집과 완전히 일치했다. 결국, 벌이 벌집을 만들 때 오차가 생기는 것이 아니라, 뜻밖에도 수학자가 잘못 계산한 것이었다. 물론, 이것 역시 그가 사용한 수치표에 문제가 있는 것으로 크니

그를 탓할 수는 없다. 그러나 이 수치표의 문제는 큰 사고를 친 후에야 비로소 사람들에게 알려졌다.

어느 해에 배 한 척이 해상에서 사고가 났는데, 사고 책임을 추궁할 때 사람들은 선장이 항로를 계산할 때 오류가 있었다는 것을 알게 되었다. 한편, 선장의 계산 방법은 정확한 것으로 어떻게 계산이 틀릴 수 있었을까? 당시 사람들이 사용한 수치표에 오류가 있었던 것으로 선장은 이 표를 이용했기 때문에 항로 방향을 잘못 계산해 해상 사고가 났던 것이다. 사고 이후, 모두 힘을 모아 수치표를 교정했다.

화라경은 '벌집은 육각기둥인데 어떻게 109°28´라는 각이 생길 수 있을까?'라며 의문을 던졌다.

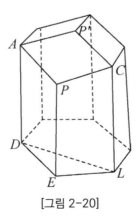

[그림 2-20]

화라경이 먼저 생물학자에게 가르침을 청하자, 생물학자는 그에게 벌집을 하나 주었다. 실물을 보고 화라경은 비로소 크게 깨닫고는 곤경에서 벗어났다고 한다.

원래 겉보기에는 벌집들이 마치 육각기둥으로 늘어선 것처럼 보인다. 사실, 벌집의 육각형 구멍으로 보면, 그것의 밑바닥이 평평한 것이 아니라 세 개의 마름모꼴로 된 것을 발견할 수 있다. [그림 2-20]이 바로 벌집으로 구멍만 아래에 그리고 그 위에 벌집을 그려 '삐뚤빼뚤한 육각기둥'을 만들었다. 앞서 언급한 두 각은 [그림 2-20]의 $\angle AP'C=109°28'$, $\angle PAP'=70°32$이다.

$\angle AP'C$와 $\angle PAP'$가 각각 $109°28'$과 $70°32$일 때, '삐뚤빼뚤한 육각기둥'의 표면적이 가장 작은 이유가 무엇일까?

화라경은 마름모 $APCP'$를 $\overline{PP'}$를 따라 반으로 자르고, 바로 선분 $\overline{PP'}$를 추가한 뒤, 옆면 사각형 $ADEP$와 삐죽한 부분인 삼각형 APP'를 평평하게 폈다. 이때 주의할 것은 도형 $ADEPP'$는 전체 표면적의 $\frac{1}{6}$이라는 것이다. 또한 어떤 상황에서 도형 $ADEPP'$의 면적이 가장 작은지를 연구했는데 '삐뚤빼뚤한 육각기둥'의 표면적이 가장 작았다[그림 2-21].

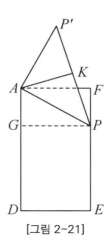

[그림 2-21]

$\overline{DE}=1$, 점 P를 지나고 $\overline{AD}$에 수선을 그었을 때, 수선의 발을 G라고 하자.

이때, $\overline{AG}=x$라고 하면,

$$\overline{AP}=\sqrt{1+x^2}\text{ 이다.}$$

[그림 2-20]에서

$$\overline{AC}=\overline{DL}\text{이고}$$

$$\overline{DL}=\sqrt{3}\text{이므로}$$

$$\overline{AC}=\sqrt{3}\text{이다.}$$

이를 $\overline{PP'}$를 포함하는 평면에 정사영시키면,

$$\overline{AK}=\frac{\sqrt{3}}{2}\text{이다.}$$

따라서

$$\overline{PP'}=2\times\overline{PK}=\sqrt{1+4x^2}$$

와 같이 계산할 수 있으며 다음의 결과를 얻는다.

$$S_{ADEPP'}=S_{ADEF}-\frac{1}{2}x+\frac{\sqrt{3}}{4}\sqrt{1+4x^2}$$

여기서, 문제는 다음과 같은 함수가 최솟값을 가질 때 x값이 얼마인지를 구하는 문제로 바뀐다.

$$y=\frac{\sqrt{3}}{4}\sqrt{1+4x^2}-\frac{1}{2}x$$

화라경은 초등수학의 방법으로 $x=\dfrac{1}{\sqrt{8}}$일 때 '삐뚤빼뚤한 육각기둥'의 표면적의 최솟값을 구했다. 이때 $\angle AP'C$는 확실히 $109°28'$로 문제는 해결된다. 하지만 그는 만족하지 않았다. 벌집 문제에는 약간의 진전이 있었지만, 이는 단지 이전 사람들의 성과를 검증했을 뿐이며, 반드시 더욱 깊이 연구해 성과를 확대시켜야 한다고 생각했다. 그는 부피가 V인 '뾰족한 육각기둥'의 표면적(밑면은 계산하지 않음)이 육각형인 밑면의 한 변이 $a=\sqrt{\dfrac{2}{3}}\cdot\sqrt[3]{V}$, 중심높이가 $h=\dfrac{1}{2}\sqrt{3}\cdot\sqrt[3]{V}$일 때, 최솟값을 갖는다는 정리를 증명했다.

한편, 실제로 벌집의 밑면의 한 변의 길이와 중심높이를 각각 0.35cm와 0.70cm로 각각 측정했는데 이는 많은 데이터와 상당한 차이가 있는 값이었다.

작은 용기에 큰 것 담기

'우렁이 껍데기에 도장을 만든다'는 속담이 있다. 그 의미는 우렁이 껍질처럼 작은 곳에서도 큰 활동을 할 수 있다는 말이다. 또 다른 뜻으로는 겸손하게 자신의 장소가 좁다는 것을 나타낼 수도 있고, 또한 활동 규모가 크고 떠들썩하다는 것을 표현할 수도 있으며, 행사를 개최한 사람의 재주가 높다는 것을 더욱 칭찬하는 의미도 있다. 여기서 소개할 것은 '작은 용기'에 실제로 '큰 것'을 담는 상황이다.

A와 B 두 나라 사이에 전쟁이 일어났다. A가 B를 침략해 B의 유물과 예술품을 대량 약탈하려고 했다. B의 한 박물관에는 진귀한 형상의 소장품이 있었다. 그 형상은 한 변의 길이가 4.2m인 정사각형으로 크기가 매우 크지만, 두께는 매우 얇은 예술품이라 특히 소중하게 다루었다. 그런데 침략자들은 이런 예술품이 있다는 것을 알고 전담팀을 조직해 보물을 조사했다. 침략자들은 박물관 및 박물관이 있는 도시에서 표적 수색을 진행했다. 그들은 어느 공장 창고에서 모서리 길이가 4m인 정육면체 나무 상자를 발견했다.

"여기에 큰 나무상자 하나를 보고합니다!"

"나무상자를 당장 여시오!"

상자는 매우 튼튼해서 병사들은 한동안 그것을 열 수가 없었다. 침략자들은 찾고 있는 예술품의 크기를 알고 있었기 때문에 "상자의 크기를 재라!"고 명령했다.

"가로, 세로, 높이가 모두 4m입니다."

"…됐다. 가자!"

침략자들은 미련없이 그 자리를 떠났다. 그런데 그들이 찾고 있던 진귀한 예술품은 바로 이 나무 상자 안에 숨겨져 있었다.

이해했는가? 한 변의 길이가 4.2m인 것을 어떻게 한 모서리가 4m밖에 안 되는 정육면체 상자 안에 숨길 수 있었는지 여러분도 궁금할 것이다.

여러분은 여기에서 아마도 인식상 착오가 있을 수 있는데 이 예술품은 좀 크지만, 또한 매우 얇다는 것이다. 상자는 비록 조금 작지만, 그것은 가로, 세로, 높이가 모두 같은 정육면체이다. 이렇게 '작은' 정육면체 상자에 얇은 '큰' 물건을 넣지 못한다는 법은 없다. 함께 계산해 보자.

[그림 2-22]와 같이, $\overline{BC}$ 위에 $\overline{BF}$ =1인 점 F, $\overline{DC}$ 위에 $\overline{DE}$ =1인 점 E, $\overline{B'A'}$ 위에 $\overline{B'G}$ =1인 점 G, $\overline{D'A'}$ 위에 $\overline{D'H}$ =1인 점 H를 찍어 네 점을 연결하면 단면 $HGFE$를 얻는다.

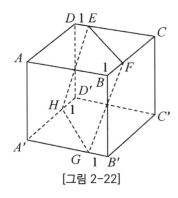

[그림 2-22]

$$\overline{CF} = \overline{CE} = 4 - 1 = 3$$

이므로 피타고라스 정리에 의해,

$$\overline{EF} = 3\sqrt{2} \text{ 이다.}$$

$$\overline{B'F} = \sqrt{4^2 + 1^2} = \sqrt{17} \text{ 이므로}$$

$$\overline{GF} = \sqrt{\overline{B'G}^2 + \overline{B'F}^2} = 3\sqrt{2}$$

이다. 단면 $HGFE$는 정사각형으로 한 변의 길이는

$$3\sqrt{2} \fallingdotseq 4.243 \cdots > 4.2$$

이다. 즉, 예술품은 이 상자에 숨겨져 있었다. 침략자는 속아 넘어갔다!

단면 문제는 일반적으로 어려운 상황이 많은데, 이런 문제는 상상력이 매우 뛰어나야 하기 때문에 어떤 학생들에게는 매우

102

어렵기도 하고 훈련이 필요하다.

다음의 단면 문제도 흥미롭다. [그림 2-23]과 같이 모서리 길이가 2인 정육면체 안에 한 변이 1.4인 정육각형의 얇은 조각을 넣을 수 있을까? 대충 생각해 봐도 이것은 불가능하다. 왜냐하면 이 정육각형의 대변 사이의 거리 AB는 2.38이고, 맞은편의 두 꼭짓점 사이의 거리 CD는 2.8이므로, 그 크기는 정육면체의 한 모서리 길이 2를 초과하기 때문이다. 하지만 정육각형의 얇은 조각은 이 상자에 넣을 수 있다[그림 2-24].

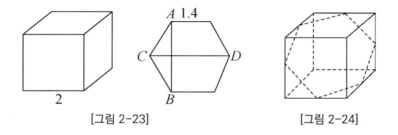

[그림 2-23]   [그림 2-24]

아르키메데스의 묘비

　기원전 106~43년, 고대 로마의 정치가이자 역사학자였던 키케로는 시라쿠스를 여행하던 중 무성한 잡초 속에서 주인 없는 무덤을 발견했다. 땅에 쓰러진 묘비에는 원기둥에 접하는 구가 새겨져 있었다[그림 2-25]. 그가 자세히 관찰한 끝에 이것이 아르키메데스의 무덤임을 알게 되었다.

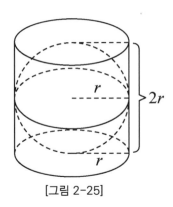

[그림 2-25]

　아르키메데스의 묘비에는 왜 기하 도형이 새겨져 있는 걸까? 그 이유는, 그가 일생에 걸친 많은 과학적 발견 중 가장 의미를 둔 성취가 바로 원기둥과 구의 부피 사이의 관계이기 때문이다. 구의 대원을 밑면으로 하고 구의 지름을 높이로 하는 원기둥의 부피는 구 부피의 $\dfrac{3}{2}$이고 기둥의 표면적도 구 표면적의 $\dfrac{3}{2}$이다.

원기둥의 밑면인 원의 반지름을 r이라고 하고, 원기둥의 부피와 표면적을 구해 보자.

$$원기둥 부피 = 2r \times \pi r^2$$
$$= 2\pi r^3$$
$$= \dfrac{3}{2} \cdot \dfrac{4}{3} \pi r^3$$
$$= \dfrac{3}{2} \cdot 구의 부피$$
$$원기둥 표면적 = 2\pi r \times 2r + 2\pi r^2$$
$$= 6\pi r^2$$
$$= \dfrac{3}{2} \cdot 4\pi r^2$$
$$= \dfrac{3}{2} \cdot 구의 표면적$$

아르키메데스는 일찍이 가족들에게 자신이 죽은 후에 이 도형을 자기 묘비에 새길 것을 당부했다. 그러나 아이러니하게도 그의 묘비는 고향을 공격한 적군에 의해 세워졌다.

제2차 포에니 전쟁 때, 고대 로마의 대장 마르켈루스는 대군을 이끌고 아르키메데스가 살던 시라쿠스를 포위 공격했다. 아르키메데스는 성 안의 사람들과 함께 적에게 저항했다. 그가 발명한 석총과 투화기는 적들에게 심각한 타격을 주었다. 하지만 성의 식량이 소진되어 성은 결국 함락되었다.

마르켈루스가 입성했을 때, 그는 아르키메데스의 재능에 경탄하고 있었으므로 이 수학자를 해치지 말라고 명령을 내렸다. 그러나 아르키메데스는 성이 함락된 줄도 모르고 여전히 수학에 빠져 땅바닥에 그림을 그리고 있었다. 갑자기 그의 앞에 로마 병사가 나타나 그가 땅바닥에 그린 기하 그림을 밟아 망가뜨렸다. 아르키메데스는 화가 나서 병사를 꾸짖었다.

"내 원을 밟지 마세요!"

병사는 수학자의 심정을 조금도 이해하지 못하고, 도리어 무지막지하게 단검을 뽑아들었다. 대수학자는 뜻밖에도 무식한 로마 병사의 손에 목숨을 잃었다. 아르키메데스의 죽음은 마르켈루스를 안타깝게 했다. 그는 아르키메데스를 살해한 병사를 살해범으로 처벌했을 뿐만 아니라 아르키메데스의 묘와 묘비를 만들었는데 묘비에 '원기둥에 내접하는 구'를 새겨 기념했다.

고고학자들은 이탈리아 시칠리아 시라쿠사에서 아르키메데스의 무덤을 발굴했다고 한다. 고고학자들은 무엇에 근거해 아르키메데스의 무덤을 식별할 수 있었을까? 아마도 이 도형을 발견했을 것으로 짐작된다[그림 2-25].

'π=2'는 농담일 뿐이지만 여기서는 입체기하학적 지식으로 시도한 증명을 살펴보자.

반지름이 R인 구와 잘린 반원기둥 모양의 홈이 나 있는 도형이 있다고 하자. 이때, 홈의 반지름도 R이고, 그 길이는 $2\pi R$이다. 구를 빨간 물감으로 칠해서 홈에 넣고 굴린다고 하면 구가 한 바퀴 굴렀을 때 홈의 내부는 완전히 붉은색이 된다. 이는 구의 표면적이 홈의 측면 면적과 같다는 것을 나타낸다[그림 2-26].

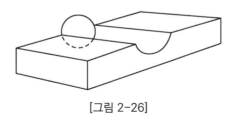

[그림 2-26]

$$S_{\text{구 표면적}} = 4\pi R^2$$
$$S_{\text{잘린 측면적}} = \pi R \times 2\pi R$$
$$4\pi R^2 = 2\pi^2 R^2$$
$$\pi = 2$$

π=2라니! 이 '증명'의 오류는 어디에 있을까?

구가 홈을 구를 때 미끄러지는 상황을 생각해 보자. 홈의 맨 아래 모선에 따라 구는 있는 그대로 굴러가고 나머지 부분은 미끄러지기 때문이다. 따라서 구가 한 바퀴 구를 때 홈의 내부는 온통 붉게 물들지만, 그렇다고 홈의 측면적과 구의 표면적이 같은 것은 아니다. 정확한 결론은 홈의 안쪽 측면적이 공의 표면적보다 크다는 것이다.

마왕퇴한묘 유물

중국 호남 마왕퇴한묘에서 출토된 유물 가운데 사각형도 아니고 원도 아닌, 원을 품고 있는 사각형이 있다[그림 2-27]. 이런 도형을 '모합방개^{牟合方蓋}'라고 하는데 이름도 이상하다. 그러나 바로 이 기괴한 도형이 수학사에 큰 공을 세웠다.

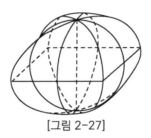

[그림 2-27]

사람들은 일찍이 정육면체의 부피를 계산하는 공식은 알아냈다. 그렇다면 구의 부피는 어떻게 계산했을까? 구의 부피를 계산하는 공식은 긴 역사를 가진다. 구의 부피 계산은 『구장산술』에 기록되어 있다. 책에는 직접적으로 구의 부피를 계산하는 공식은 없지만 원 면적을 세제곱하는 문제를 다룰 때 구의 부피가 V라는 것을 알면 그 지름 d는 다음 식으로 구할 수 있다.

$$d = \sqrt[3]{\frac{16}{9}V}$$

이 식은 구의 부피 공식을 알려준다.

$$V = \frac{9}{16}d^3$$

식에 $d=2r$ (r은 구의 반지름)을 대입하면, 다음 식(π를 3으로 계산)을 확인할 수 있다.

$$V \fallingdotseq \frac{3}{2}\pi r^3$$

이 결과를 현재 구의 공식 $V = \frac{4}{3}\pi r^3$과 비교하면 두 값의 차이는 $\frac{1}{6}\pi r^3$으로 오차가 크다.

$$\frac{3}{2}\pi r^3 - \frac{4}{3}\pi r^3 = \frac{1}{6}\pi r^3$$

비록 오차가 매우 크지만, 구의 부피를 계산하는 데 편리하다. 얼마 지나지 않아 동한 시기의 과학자 장형은 상술한 공식이 정확하지 않다는 것을 발견하고 개선하기 시작했다. 그는 구를 정육면체 상자 안에 넣었는데 이때 각각의 내벽과 구가 서로 접하도록 했다.

또한 일련의 유도와 계산을 거쳐 정육면체 상자의 부피와 구의 부피의 비율은 8 : 5라는 결론을 내렸다. 장형은 정육면체 상자의 부피에 $\frac{5}{8}$를 곱하기만 하면 구의 부피를 얻을 수 있을 것이라고 생각했다. 하지만 그가 계산한 결과, 오차는 더 컸다. 왜냐하면 정육면체 상자와 구의 부피의 비가 8:5가 아니기 때문이다.

비록 장형은 실패하였지만, 문제에 대한 그의 사고법은 삼국 시대 유휘에게 큰 시사점을 주었다. 유휘는 먼저 장형의 연구 성과를 탐구해 그중 잘못을 찾아내고 바로잡았다. 그런 후에 장형처럼 구의 부피 계산을 비교적 쉽게 할 수 있는 입체로 바꾸어 비교적 정확하게 정육면체와 구의 부피 사이의 비를 얻었다.

그는 같은 방법으로 먼저 구에 외접하는 정육면체를 만들고 동시에 밑면의 지름이 구의 지름과 같은 원기둥 두 개가 정육면체 내부를 뚫고 지나가게 했다[그림 2-28]. 이때 구는 두 원기둥이 만나는 공통 영역에 포함되며 두 원기둥과 서로 접하게 된다. 유휘는 두 구가 교차하는 공통 영역에 '모합방개'라는 이름을 붙였다.

또한 구와 모합방개의 부피의 비를 π : 4로 정확하게 계산했다. 다만 안타깝게도 유휘는 당시 모합방개의 부피가 얼마인지 알지 못했기 때문에 결국 구의 부피 공식을 얻지 못했다.

[그림 2-28]

남북조 시기에 이르러 유명 수학자 조충지와 그의 아들 조긍이 유휘에 이어 마침내 모합방개의 부피를 $\frac{2}{3}(2r)^3$로 산출하고, 유휘가 이미 구한 관계식을 활용해 구의 부피 공식을 구했다.

유휘가 구한 관계식 $V_\text{구} : V_\text{모합방개} = \pi : 4$

구의 부피 공식

$$
\begin{aligned}
V_\text{구} &= \frac{1}{4}\pi V_\text{모합방개} \\
&= \frac{1}{4}\pi \times \frac{2}{3}(2r)^3 \\
&= \frac{4}{3}\pi r^3
\end{aligned}
$$

정확한 구의 부피 공식은 이렇게 탄생했다. 게다가, 조긍은 모합방개의 부피를 계산할 때 새로운 방법을 창조했는데, 이 방법은 이미 미적분의 범주에 속한다.

만약 임의의 평면으로 두 개의 입체를 자를 때, 단면적이 모두 같다면 두 입체의 부피는 서로 같다. 이는 이탈리아 수학자 카발리에리가 발견한 것과 같은 원리이다[그림 2-29].

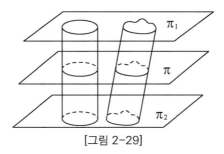

[그림 2-29]

모합방개는 그 의의가 크지만 구조가 복잡해 상상하기가 쉽지 않다. 카발리에리의 원리를 설명하기 위해서, 우리는 다른 방법으로 구의 부피를 구하려고 한다. 이것의 구체적인 방법은 조긍이 제시한 것은 아니지만, 조긍의 아이디어가 포함된 것으로 비교적 알기 쉽다.

먼저 두 개의 입체를 생각하자. 하나는 반지름이 R인 반구이고, 다른 하나는 원기둥(밑면의 반지름과 높이가 모두 R) 내부에서 원뿔(밑면의 반지름과 높이가 모두 R)을 파낸 입체로, 설명의 편의를 위해 우리는 이를 잠시 입체 a라고 부르자. [그림 2-30]과 같이 두 입체를 동일한 탁자 위에 놓는다.

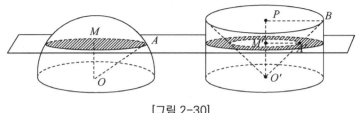

[그림 2-30]

두 입체를 탁자의 면과 평행한 평면으로 자른다고 생각해 보
자. 만약 이 평면과 탁자 사이의 높이가 0이라면, 두 입체의 단
면은 모두 원이고 그 넓이는 서로 같다. 만약 이 평면과 탁자 사
이의 높이 h가 R이라면, 두 입체의 단면적은 모두 0이다. 그렇
다면 평면과 탁자 사이의 높이가 0과 R 사이라면 어떻게 될까?

이때 반구의 단면은 원이고, 입체 a의 단면은 원고리인 것이
확인된다. 이것의 면적이 같은지 한번 살펴보자.

먼저 반구를 보자. $\triangle OAM$에서

$$\overline{OA}=R,\ \overline{OM}=h이므로$$

$$\overline{AM}=\sqrt{R^2-h^2}$$
$$S_{원}=\pi(R^2-r^2)$$

다시 입체 a를 보자. $\triangle O'BP$에서

$$\overline{OP} = \overline{BP} = R, \ \overline{O'M'} = h\text{이므로}$$

$$\overline{A'M'} = h$$

$$S_{\text{원고리}} = S_{\text{큰 원}} - S_{\text{작은 원}}$$

$$= \pi R^2 - \pi r^2$$

이다. 즉, 반구와 입체 a의 단면적은 같다.

    임의의 평면으로 두 입체를 자른다고 해도 얻는 단면적은 모두 같다. 카발리에리의 원리는 우리에게 두 입체의 부피가 서로 같다는 것을 알려준다. 그러므로,

$$V_{\text{반구}} = V_a$$

$$= V_{\text{원기둥}} - V_{\text{원뿔}}$$

$$= \pi R^3 - \frac{1}{3} \pi R^3$$

$$= \frac{2}{3} \pi R^3$$

    따라서 구의 부피는

$$\frac{4}{3} \pi R^3$$

이다.

에디슨의 부피 측정

　에디슨의 실험실에 명문대 수학과 졸업생인 압톤이라는 새로운 조수가 들어왔다. 어느 날 에디슨은 그에게 배 모양의 전구 부피를 계산하는 임무를 맡겼다.

　"이 전구는 무슨 도형이죠? 구도 아니고 원기둥도 아니니 정말 쉽지 않네요."

　압톤은 자를 꺼내 전구 밖에서 위아래로 잰 다음 밑그림을 그리고 식을 만들어 계산에 몰두했다.

　한 시간쯤 지나 에디슨은 그에게 다가가 관심있게 물었다.

　"잘 되고 있나요?"

"아직이에요. 이제 겨우 반 정도 계산한 걸요."

압톤은 땀을 닦으며 대꾸했다.

에디슨은 수학 기호와 계산식이 빼곡히 적혀 있는 몇 장의 종이를 전혀 이해할 수 없었다. 그러다 결국 웃음을 참지 못하고 이렇게 말했다.

"그냥 방법을 바꿔요!"

에디슨은 배 모양의 전구 안에 물을 가득 채우고 이렇게 말했다.

"당신이 물을 잔에 부어 물의 부피를 재면 그게 전구의 부피 아닌가요?

압툰은 순간 얼굴이 붉어졌다. 왜 이런 생각을 진작에 하지 못했을까?

에디슨의 해법과 앞에서 언급한 우진선의 '면적 재기'는 방법은 다르나 효과는 같다. 이런 문제는 처음엔 어려워 보이지만 생각을 전환하면, 예를 들어 물리적으로 수학 문제를 해결하는 등 다른 각도로 생각하다 보면 교묘하고 간단한 해법을 얻기도 한다.

비슷한 경우로 작은 마을 기업에 '오일 탱크'가 있다. 그것은 마치 누워 있는 타원 기둥 같기도 하고 탱크 같기도 하다[그림

2-31]. 가솔린 등 액체를 담을 수 있어 '오일 탱크'로 불린다. 이 업체 관계자는 오일 탱크에 오일이 얼마나 들어 있는지 알고 싶어 작업자에게 측정자를 만들게 했는데, 이 측정자를 오일 탱크 위쪽 주유구(B)에서 한 번 집어넣으면 오일의 깊이에 따라 오일의 부피를 알 수 있다.

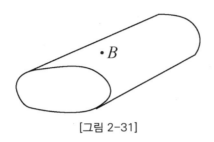

[그림 2-31]

실제로 이 문제는 함수 관계 즉, 액체의 깊이와 부피 사이의 함수 관계를 요구한다. 순수 수학적 방법으로 문제를 해결하려면 반드시 고등수학이 필요하다. 직원들은 속수무책이었지만 이때 똑똑한 중학생이 먼저 방법을 생각해냈다.

오일 탱크에 오일 10ℓ를 붓고 측정자를 넣어 액체의 깊이를 잰 후 측정자를 끄집어내어 표시한다. 그런 후에 다시 오일 탱크에 오일 10ℓ를 부어 측정자를 넣은 후 끄집어내어 다시 표시하는 과정을 반복한다. 오일이 가득 차면 측정자가 완성된다.

만일 여러분이 다음의 두 난제에 부딪힌다면, 어떻게 해결할 수 있을까?

첫 번째 문제

뚜껑을 꼭 끼운 유리병이 있다. 아랫부분은 원통형으로 되어 있고 윗부분은 그다지 규칙이 없어 보이는 병목이며, 병의 반 정도에 물이 담겨 있다. 눈금이 표시된 측정자 하나만으로 병의 부피를 측정할 수 있을까?

간단한 방법은 병 밑면의 지름 D와 물의 높이 h_1을 측정자로 잰 후, 병을 거꾸로 세워 빈 부분의 높이 h_2를 재면 다음과 같이 계산할 수 있다[그림 2-32].

$$\text{병의 부피} = \text{물의 부피} + \text{빈 부분의 부피}$$

$$= \frac{1}{4}\pi D^2 h_1 + \frac{1}{4}\pi D^2 h_2$$

$$= \frac{1}{4}\pi D^2 (h_1 + h_2)$$

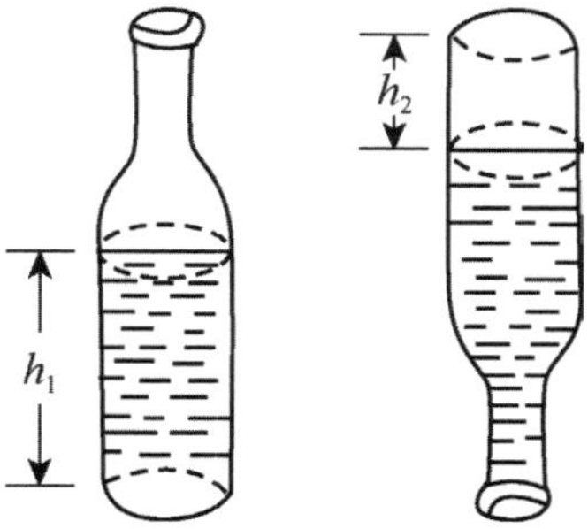

[그림 2-32]

두 번째 문제

5ℓ와 10ℓ의 눈금이 표시된 투명 유리병 속에 어떤 액체가 들어 있다. 누군가가 이미 액체를 사용해 액면은 10ℓ의 눈금 아래 있지만 5ℓ 눈금보다는 위에 있다. 이 액체를 담기 위한 다른 병 외에 현재 사용할 수 있는 용기(컵 포함)가 없다. 어떻게 하면 병에 담긴 5ℓ의 액체를 정확히 부을 수 있을까?

누군가 먼저 병에 유리구슬을 조금 넣어 액면을 10ℓ의 눈금까지 올린 뒤 액체를 쏟아내 5ℓ의 눈금까지 떨어뜨리는 영리한 방법을 생각해냈다. 그러면 되지 않을까?

어색한 게 신기해!

　'어색한 게 신기하다'는 제목으로 수십 년 전 교사들을 대상으로 초등 미적분을 강의한 적이 있다. 당시 초등학교 교사 대부분은 미적분을 배우지 못한 이들이 많았다. 내가 정적분으로 원뿔의 부피 공식을 유도하자, 한 수강생 교사는 이 공식을 학생들에게 가르칠 때 직접 물을 부어 실험하는 방법을 썼다는 것이다.

　원뿔 모양에 물을 가득 채우고, 다시 원뿔과 같은 밑면, 같은 높이의 원기둥 모양에 물을 부으면 세 번이 딱 들어맞는 것으로 보아 원뿔의 부피가 밑면과 높이가 같은 원기둥 부피의 $\frac{1}{3}$인 것을 알 수 있으며, 이에 따라 다음과 같은 공식을 얻을 수 있다.

$$V_{\text{원뿔}} = \frac{1}{3} V_{\text{원기둥}} = \frac{1}{3} Sh$$

　교사는 계속 말을 이어갔다.

　"한번은 제가 실험 도중에 물을 좀 흘렸는데 실험이 안 되니까 학생들이 소란을 피워 민망한 적이 있었습니다. 나도 얼굴이 빨개져서 말문이 막혔죠. 이 공식을 증명할 수 있다는 것을 오늘에서야 알았습니다."

초등학교 수준에서는 교사가 넓이와 부피 문제에 대한 수업에서 실험법을 쓰는데 조금만 소홀해도 난처한 상황을 면치 못한다. 사실 교사가 미적분을 알고 마음에 확신만 있었다면 '좀 어색하지만 신기하게도 그렇게 된다'고 여기고 학생들에게 "네, 실험 잘했어요. 정확하지는 않지만 앞으로 여러분이 미적분을 배우고 나면 이 공식의 정확성을 의심할 필요는 없어요."라고 말할 수 있었을 것이다. 그러면 어색함을 해소하면서도 미적분이 이 공식을 증명할 수 있는 지식임을 학생들에게 미리 알려주어 학생들의 지적 욕구를 높이는 데 도움도 되고 신기한 효과도 거둘 수 있었을 것이다.

나는 복선을 깔고, 어떤 중요한 개념, 중요한 방법을 가능한 한 빨리 구체적인 문제에서 제시하기를 좋아하며, 학생들이 장차 공부할 때보다 깊이 있는 방법을 받아들이기 쉽도록 하기 위해, 어떤 고도의 방법은 이미 있었던 소박하고 간단한 방법에 대한 추상적 가공일 가능성이 높다는 것을 강조하고 싶다.

할보법 : 삼각뿔

실험법 외에도 넓이 계산에 중요한 방법이 하나 더 있다. 그렇다면 부피 계산에서도 이 방법이 효과가 있을까?

먼저 각뿔의 부피를 보자. [그림 2-33]은 일반성을 설명하기 위해 기울어진 삼각기둥 ABC-$A'B'C'$를 예로 들었다. 이 도형은 두 밑면이 서로 평행으로 모서리 AA', BB', CC'가 서로 평행하고 모서리와 밑면이 수직이 아닐 뿐 각기둥의 특징을 가지고 있다. 만약 밑면 ABC가 정삼각형이라면 이 도형은 정삼각기둥이다.

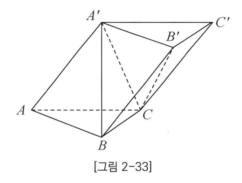

[그림 2-33]

우리는 이를 3개의 삼각뿔로 분할하려고 한다. 첫 번째는 A'를 꼭짓점, ABC를 밑면으로 하는 삼각뿔 A'-ABC이며, 두 번째는 C를 꼭짓점, $A'B'C'$를 밑면으로 하는 삼각뿔 C-$A'B'C'$이다. 이것은 거꾸로 된 삼각뿔이어서 보기에 좀 익숙하지 않을 수 있다.

첫 번째와 두 번째 삼각뿔의 부피는 서로 같다. 왜냐하면 이들의 밑면인 삼각형은 서로 합동이고 높이가 같으며 단지 위치가 다를 뿐이기 때문이다.

세 번째는 삼각뿔 $A'-BCB'$이다. 이를 두 번째와 비교하면 밑면이 평행사각형 $BCC'B'$의 절반으로 서로 합동인 삼각형이고 높이도 동일하다는 것을 알 수 있다. 따라서 두 번째와 세 번째 삼각뿔의 부피가 같다고 생각할 수 있다. 이에 따라 삼각기둥 $ABC-A'B'C'$는 $A'-ABC$, $C-A'B'C'$, $A'-BCB'$ 3개의 삼각뿔로 나누어졌다. 각각의 삼각뿔의 부피는 원래 삼각기둥의 부피의 $\frac{1}{3}$로서, 삼각뿔과 밑면과 높이가 서로 같은 삼각기둥 부피의 $\frac{1}{3}$이다.

$$V_{\text{삼각뿔 } A'-ABC} = \frac{1}{3} V_{\text{삼각기둥 } ABC-A'B'C'} = \frac{1}{3} Sh$$

할보법 : 사각뿔

위에서 삼각뿔의 부피 공식을 살펴보았다. 그렇다면 사각뿔의 부피 공식도 '할보법'으로 유도할 수 있을까?

먼저 정육면체 하나를 생각하자. 정육면체의 대칭 중심을 찾은 후 정육면체를 6개의 조각으로 분할한다. 이 조각들은 모두 정육면체의 대칭 중심을 꼭짓점으로 하고 정육면체의 각 6개의 면을 밑면으로 하는 정사각뿔이다. 즉, 정육면체는 6개의 정사각뿔로 분해된다[그림 2-34]. 이때 각 정사각뿔의 부피는 원래의 정육면체 부피의 $\frac{1}{6}$이다. 이것이 1단계이다.

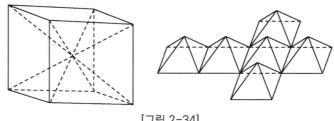

[그림 2-34]

2단계는 정육면체의 대칭 중심을 지나고 두 밑면과 평행한 평면으로 정육면체를 자를 때 생기는 두 '반정육면체(정사각뿔과 밑면, 높이가 같은 정사각기둥)'가 생긴다. 각 정사각뿔의 부피는 원래 정육면체 부피의 $\frac{1}{6}$이므로 각 정사각뿔의 부피는 방금 만든 '반정육면체(정사각기둥)' 부피의 $\frac{1}{3}$이다[그림 2-35].

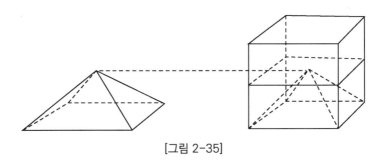

[그림 2-35]

만약 정사각뿔 밑면의 한 변의 길이가 a, 높이가 $\frac{1}{2}a$이면 그 부피가 원래 정사각기둥(반정육면체) 부피의 $\frac{1}{3}$ 즉, $\frac{1}{3}Sh = \frac{1}{3}a^2 \cdot \frac{1}{2}a$이다. 따라서 이 특수한 정사각뿔의 부피 공식이 증명되었다.

이 증명 방법은 정육면체를 6개의 정사각뿔로 분할한 다음, 반정육면체를 3개의 정사각뿔로 분할할 수 있다는 것을 설명하고, 마지막으로 정사각뿔의 부피는 '반정육면체(하나의 정사각기둥)' 부피의 $\frac{1}{3}$이라는 결론을 얻는다.

사실 정사각뿔 3개를 이용해도 정사각기둥을 직접 맞춰서 문제를 좀 더 편하게 설명할 수 있다[그림 2-36]. 테이프를 붙인 부분을 서로 만나도록 접기만 하면 된다. 관심이 있다면 직접 해봐도 좋다.

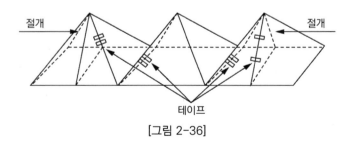

절개   절개

테이프

[그림 2-36]

일반적인 사각뿔, 그리고 오각뿔, 육각뿔… 이들의 부피 공식도 할보법으로 유도할 수 있을까? 일반적인 방법을 함께 보자.

사각뿔의 밑넓이를 S, 높이를 h라고 하자. 꼭짓점과 밑면의 대각선을 지나는 평면으로 자르면 사각뿔은 2개의 삼각뿔로 분할된다. 이때 각 삼각뿔의 높이는 여전히 h이며 밑넓이는 각각 S_1, S_2이다. 앞에서 유도한 삼각뿔의 부피 공식에 따라 두 삼각뿔의 부피는 각각 $\frac{1}{3}S_1h$, $\frac{1}{3}S_2h$이다.

$$\frac{1}{3}S_1h + \frac{1}{3}S_2h = \frac{1}{3}(S_1h + S_2h) = \frac{1}{3}Sh$$

이 식에서 볼 수 있듯이 두 삼각뿔 부피의 합은 사각뿔 부피와 같다. 즉, 사각뿔 부피 공식이 증명되었다.

$$V_{사각뿔} = \frac{1}{3}Sh$$

이런 방법은 정사각뿔이 아닌 일반적인 사각뿔인 경우도 모두 적용가능하고 오각뿔, 육각뿔…등 할보법으로 임의의 변의 수를 가지는 각뿔의 부피 공식을 유도할 수 있다는 장점이 있다.

할보법이 통하지 않는 원뿔

각뿔의 부피 공식은 할보법만으로 원만하게 증명되지만, 원뿔에는 적용되지 않는다. 원뿔의 부피 공식은 미적분을 이용해야 한다.

증명법은 원뿔의 높이를 n등분해 각 분점을 지나며 밑면에 평행한 평면으로 원뿔을 자른다. 이때 분할된 n개의 원기둥 조각들의 부피(근삿값)를 각각 계산하고 합한다. n의 값이 커지면 조각들은 얇아지고 조각 부피의 합이 원뿔의 부피에 가까워지며, 마지막으로 극한을 취하면 원뿔의 부피 공식을 얻는다. 더 일반적인 방법은 정적분 공식을 이용하는 것인데, 여기서는 언급하지 않겠다.

세 개의 독특한 병을 소장하고 있는 수집가 한 사람이 있다. 그 병의 입 모양은 [그림 2-37] (a), [그림 2-37] (b), [그림 2-37] (c)와 같고 우리는 각각을 잠시 사각병, T자형병, 원형병이라 부르기로 하자. 수집가는 이 세 개의 병에 맞는 병마개를 끼워주고 싶다. 하지만 병마개 제작용 코르크가 병마개 하나를 만들 수 있는 크기였다. 다행히 세 개의 병을 동시에 사용할 기회가 적었기 때문에 그는 범용 마개 하나만 만들기로 결심했다.

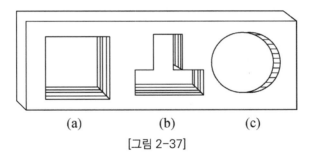

(a)   (b)   (c)

[그림 2-37]

병마개를 어떻게 만들어야 세 병 모두에 사용할 수 있을까?

수집자가 먼저 코르크를 [그림 2-38] (a)의 정육면체로 만들어 각 병의 입구에 끼워보니 하나의 병에만 적용되고 나머지 두 병에는 적용되지 않았다. 그는 다시 정육면체를 조금 깎아 [그림

129

2-38] (b)와 같이 만들었다. 그리고 다시 각 병의 입구에 시험해
보았는데, 사각병뿐만 아니라 T자형병에도 적용됐지만 원형병
에는 여전히 적용되지 않았다.

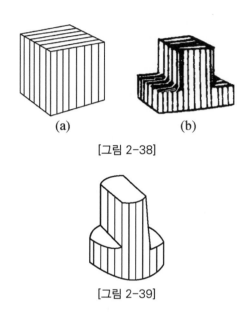

(a)   (b)

[그림 2-38]

[그림 2-39]

마지막으로 그는 병마개를 [그림 2-39]의 모양으로 만들었고,
비로소 세 병 모두에 적용할 수 있게 되었다. 입체 그림은 사람
이 알아볼 수 있도록 그려야 하는데, 하나의 방법은 형상을 그
리는 것으로 이를 '입체도'라고 한다. 하지만 모양이 복잡한 입
체의 경우에는 그 구조를 명확하게 표현하기 어렵다. 그래서 공
학기술자는 삼시도三視圖를 만들었는데, 이는 입체를 세 방향에서
보는 것으로 앞쪽에서 보는 도형을 주시도主視圖, 왼쪽에서 보는

도형을 좌시도左視圖, 위에서 보는 도형을 부시도俯視圖라고 한다. 이 세 개의 그림을 맞추어 보면 사람은 머릿속에서 입체 본연의 모양을 상상할 수 있다.

범용 병마개의 삼시도는 [그림 2-40]과 같고 세 종류의 그림이 공교롭게도 세 개의 괴상한 병의 입 모양을 하고 있다.

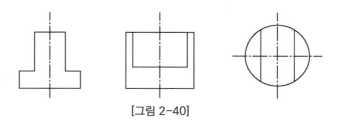

[그림 2-40]

영리한 양철공

일상생활과 생산 현장에서 종종 양철로 만든 직각 엘보를 사용한다[그림 2-41]. 과거에는 가정 난방용 화로에 있는 통기관과 공장 내 환기설비를 빼놓을 수 없었는데 일부 호텔이나 사옥, 공장의 중앙 에어컨 시스템에도 이와 같은 '직각 엘보'는 빠지지 않지만 눈에 보이지 않게 숨겨져 있다.

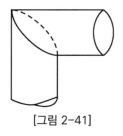

[그림 2-41]

직각 엘보는 어떻게 만들까? 직각 엘보는 두 개의 비스듬한 원통으로 이루어져 있다. 비스듬한 원통이란 말 그대로 원통 하나를 비스듬하게 잘라 얻은 '반'개의 원통이다[그림 2-42] (a). 비스듬한 원통의 모선 *MN*을 따라 잘라 펼치면 잘린 부분은 사인 곡선을 나타낸다[그림 2-42] (b). 구체적으로 그리면 [그림 2-42] (c)와 같다. 이 사인 곡선을 정확히 양철에 그리면 한 개의 비스듬한 원통을 만들 수 있고 두 개의 비스듬한 원통을 용접하여 하나의 직각 엘보로 맞붙일 수 있다.

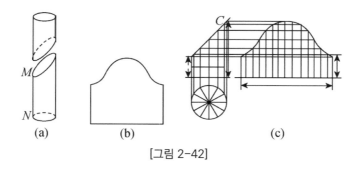

[그림 2-42]

[그림 2-42] (b)와 같은 두 개의 철판으로 두 개의 비스듬한 원통을 만들어 직각이 되도록 머리를 맞댈 수 있지만 이렇게 재단하는 것은 재료가 많이 든다. 따라서 영리한 양철공은 [그림 2-43]과 같이 재료를 배합하는데 한쪽은 '긴 머리'가, 다른 한쪽은 '짧은 머리'가 되도록 한다. 또는 [그림 2-44]와 같이 재단할 수도 있는데 이때는 '허리'부분을 절개한다.

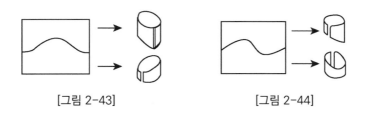

[그림 2-43]   [그림 2-44]

또 다른 종류의 엘보는 직경이 굵고 점점 구부러지는 머리를 형상화한 것으로 '새우 허리'라고 부르기도 하는데, 장인들이 처음 이 엘보를 설계할 때 정말 새우 허리의 구조에서 힌트를 얻었을지 궁금하다.

왜 굳이 엘보를 '새우 허리' 모양으로 만들었을까? 이는 배출 가스의 속도를 비교적 빠르게 할 수 있기 때문이다. 만약 엘보가 직각이고, 기류가 원통 위에서 흘러들어올 때 다음 원통 벽에 정면으로 부딪쳐 되돌아오게 되면 기류가 제대로 통과하지 못한다. 반면 '새우 허리'에서는 배관 방향을 따라 서서히 기류가 꺾여 통쾌하게 빠져나간다. 아울러 엘보에 부딪친 기류의 충격도 적어 엘보의 수명을 연장시킬 수 있다.

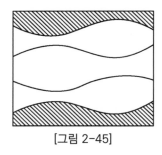

[그림 2-45]

'새우 허리'는 마디마디가 구부러진 것이다. 그중 한 마디를 펼치면 위아래 두 개의 대칭인 사인 곡선으로 이루어져 있음을 알 수 있다. 직각 엘보의 아이디어로 '새우 허리'를 만들면 [그림 2-45]와 같이 '물고기형' 배출법을 쓸 수 있는데, 그 구상이 매우 교묘하다.

큐브부터 펜토미노까지

한 시대를 풍미했던 큐브

1970년대 중반, 헝가리 부다페스트 건축 아카데미의 스승 루비크는 학생들에게 입체기하를 설명하기 위해 도구를 만들었다. 이것이 훗날 세계를 풍미했던 지적 완구인 '큐브'이다. 큐브의 마력은 어느 정도일까?

한 헝가리 학자가 핀란드에서 열린 국제수학회의에 큐브 몇 개를 가져갔다가 소동이 벌어졌다. 대학자들이 놀랍게도 아이들처럼 앞다투어 큐브를 가지고 놀았기 때문이다. 미국 매사추세츠 공대 인공지능연구소의 한 연구원은 큐브를 가지고 노는 것에 푹 빠져 "누군가가 '불이야'라고 소리를 쳐도 손에 든 큐브 맞추기가 끝나야 도망칠 거 같다."라고 말할 정도였다. 이는 아르키메데스가 "내 원을 밟지 마라!"라고 호통치던 기개처럼 느껴진다.

큐브 놀이는 이후 경기로도 이어졌다. 이 경기는 흐트러진 큐브를 누가 가장 먼저 원래 형태로 돌리느냐가 관건이다. 이에 많은 인파가 몰렸고, 기록도 꾸준히 경신되었다.

펜토미노(Pentomino)

'펜토미노'는 무엇일까? 함께 살펴보자.

서로 같은 크기의 정사각형 5개를 연결할 때, 정사각형의 변과 변이 겹치게 만들 수 있는 서로 다른 모양은 몇 가지일까?

첫 번째 방법은 다섯 개의 작은 정사각형을 일렬로 맞추는 것이다. 이런 방법의 결과는 [그림 2-46]의 1과 같다. 두 번째 방법은 4개의 정사각형을 일렬로 세우고 다른 하나의 정사각형을 변 위에 두는 것으로 이는 1-4조합의 형태이며 [그림 2-46]의 10과 11의 경우가 가능하며 2가지가 있다. 정사각형 3개를 한 줄로 맞추고, 나머지 정사각형 2개를 이 긴 줄의 가장자리에 맞추면 경우의 수가 많아져 2열 또는 3열로 만들 수 있다.

먼저 2열로 묶으면 한 줄에 정사각형 3개, 다른 한 줄에 정사각형 2개를 두어 2-3조합의 형태이다. 그림에서 7, 9, 2의 3가지 방법이 있다. 3열로 묶는다면 그림에서 12, 4(1-1-3 조합)와 5, 8, 3(1-3-1 조합)의 5가지 방법이 확인된다. 이 외에 그림에서 6(1-2-2 조합)과 같은 방법도 있다.

이렇게 계산하면 모두 12가지의 방법이 있다. 이 12가지 모양의 종잇조각이나 나무토막으로 어떤 모양의 도형을 맞출 수 있을까? 예를 들어 직사각형을 만들 수 있을까?

각 정사각형의 크기가 1×1이라면 정사각형 5개를 합한 한 조각의 면적이 5이고 12가지 경우의 총면적이 60인 것을 알 수 있다. [그림 2-46]이 바로 6×10의 직사각형으로, 12가지의 조각으로 채우는 방법을 쉽게 찾을 수 없어 사람들은 '골치 아픈 12조각'-펜토미노-이라고 부른다.

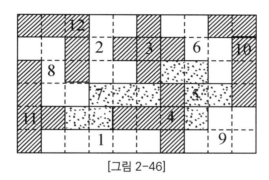

[그림 2-46]

댐에 적합한 새로운 벽돌

건축 공사에서 많이 쓰이는 벽돌은 일반적으로 직육면체이다. 이런 벽돌로 벽을 쌓을 때 [그림 2-47]과 같이 반드시 교차 배열 방식을 택한다. 결코 [그림 2-48]과 같은 방법을 쓰지 않는다. 그 이유는 무엇일까?

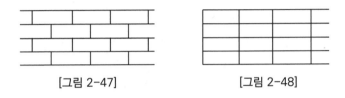

[그림 2-47]   [그림 2-48]

건물을 지을 때는 비바람, 지진 등을 엄두에 두고 지어야 한다. [그림 2-48]과 같이 벽돌을 쌓았을 때, 진동, 특히 좌우 방향의 흔들림이 발생하면 벽은 쉽게 세로방향으로 금이 생긴다. [그림 2-47]처럼 벽돌을 교차해서 쌓으면 건물이 진동을 비교적 잘 견딜 수 있다. 한 층의 벽돌 한 개가 다음 층의 벽돌 두 개에 눌려 있기 때문이다.

이제 여러분은 "직육면체의 벽돌로 벽을 교차해서 쌓는 것이 이상적인데 댐을 쌓을 때 왜 새로운 벽돌을 설계하느냐?"고 물을 수 있다. 좀 전의 상황은 벽돌로 벽을 쌓는 것으로 댐을 세운다고 생각하면 직육면체 벽돌은 안 된다. 댐은 좌우 방향의 진동뿐만 아니라 전후방 방향에서 몰아치는 물살의 충격도 견뎌야 하기 때문이다.

기하적인 관점에서 벽돌로 벽 쌓기는 평면을 평면 재료로 채우는 문제이고, 댐 쌓기는 공간을 입체 재료로 채우는 문제이다. 즉, 벽 쌓기는 평면 테셀레이션 문제, 댐 쌓기는 공간 테셀레이션 문제로 볼 수 있다.

어떤 입체로 공간을 가득 채울 수 있을까? 정다면체는 보기는 좋으나 아쉽게도 다섯 가지 정다면체 중 정육면체만이 공간을 채울 수 있다.

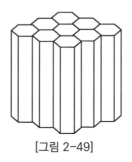

[그림 2-49]

삼각기둥, 사각기둥, 육각기둥 등 여러 가지 기둥으로도 공간을 채울 수 있다. 벌집 모양의 입체(정육각기둥)도 공간을 채울 수 있다는 것은 쉽게 이해할 수 있다[그림 2-49]. 십이면체로도 공간을 채울 수 있지만, 이 구조는 조금 복잡해 여기서는 다루지 않겠다.

같은 크기의 구 13개를 [그림 2-50], [그림 2-51]과 같이 쌓으면 하나의 공이 12개의 공으로 둘러싸여 있음을 알 수 있다. 둘러싸고 있는 12개의 구의 중심을 연결하면 [그림 2-52], [그림 2-53]과 같은 입체를 얻을 수 있는데 이 두 개의 입체를 '준정십사면체'라고 부른다. 구는 [그림 2-50], [그림 2-51]로 계속 쌓을 수 있기 때문에 준정십사면체로 공간을 채울 수 있다.

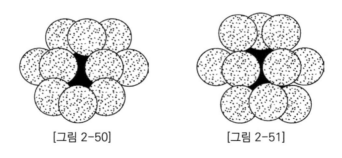

[그림 2-50]   [그림 2-51]

또 다른 하나는 잘린 팔면체로 [그림 2-54]처럼 공간을 채울 수 있다. 공간을 채울 수 있는 입체가 적지 않으나, 화라경은 그 중에서도 전후, 좌우 흔들림을 가장 잘 견디는 입체로 잘린 팔면체를 꼽았는데 표면적이 작아 댐을 쌓을 때 자재를 더욱 절약할 수 있는 장점도 있다. 그래서 화라경은 댐을 만들 때 '잘린 팔면체 벽돌'을 사용하기를 조언했다.

잘린 팔면체는 정팔면체의 6개의 '각'이 잘려 얻어지는 입체로 볼 수 있다[그림 2-55]. 구리의 결정체도 이런 형태이다.

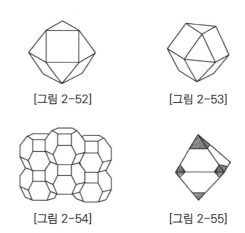

[그림 2-52]

[그림 2-53]

[그림 2-54]

[그림 2-55]

케플러 추측의 해결

영국의 월터 롤리^{Walter Raleigh} 경은 16세기 말, 동일한 크기의 포탄을 쌓아 두는 문제에 봉착했다. 그는 수학자 해리엇에게 편지를 보내 수레에 쌓인 포탄의 개수를 어떻게 하면 빨리 계산할 수 있는지 물었다. 해리엇은 행성운동 3대 법칙의 발견자인 독일의 저명한 천문학자, 수학자인 케플러에게도 가르침을 청했다. 케플러는 '쌓기' 문제에 워낙 관심이 많아 이 문제를 깊이 연구하기 시작했다. 이것이 '공을 상자에 가장 많이 담는 문제'의 시초이다.

공을 상자에 담는 가장 간단한 방법은 '큐브법'으로 네 개의 구의 중심을 연결해 정사각형을 이루게 한 다음, 그 위에 네 개의 구의 중심을 더 두어 여덟 개의 중심이 정육면체를 이루게 하는 것이다. 그런데 이렇게 쌓으면 상자 안에 빈 공간이 많이 남아서 상자 전체 부피의 약 48%가 빈 공간이 된다. 이는 박스의 절반가량의 공간이 활용되지 않는 것을 의미하므로 이런 방법은 분명히 비경제적이다.

따라서 케플러는 '면 중심 입방법(면의 중심을 연결해 정육면체를 만드는 방법)' 즉, 윗부분의 공을 아랫부분의 패인 곳에 놓았다('댐에 적합한 새로운 벽돌'에서 [그림 2-50], [그림 2-51] 참고). 이와 같은 방법으로 쌓으면 빈 공간이 전체 공간의 약 26%를 차지하게 된다. 케플러는 이것이 공을 상자에 가장 많이 담는 방법일 것이라고 생각했다. 이론적으로 증명하지는 않았지만 과일 상인들이 진작부터 이렇게 과일을 담았으므로 틀린 생각은 아닐 것 같다.

이것은 하나의 추측으로 수학계에서는 이 추측을 '케플러 추측'이라고 부르는데, 이 문제가 쉬워 보여 도전했다가 적지 않은 사람들이 다들 번번이 실패하고 말았다. 19세기의 대수학자 가우스조차 2차원적인 상황만 증명했을 뿐 3차원적인 상황에는 속수무책이었다.

이 문제는 1900년 힐베르트가 제기한 23개 질문 중 하나로 채택되었다. 힐베르트의 23개 문제는 20세기 수학 발전의 큰 줄기가 될 만큼 수학자들은 '공을 상자에 가장 많이 담는 문제'에 큰 관심을 보였다.

1998년 8월 25일 미국 뉴욕타임즈에 "미시간대학교의 헤일즈 교수가 십수 년의 노력 끝에 대용량 컴퓨터의 힘을 빌려 '케플러 추측'이 옳다는 것을 증명했다."라는 기사가 실렸다. 그의 논문은 250쪽에 달했는데 증명이 너무 길어서 10여 명의 심사위원이 장시간의 심사에도 불구하고 포기하고 말았다. 2003년에 이르러서야 심사위원단이 '99% 확정'이라는 결론을 내려 추측의 증명을 인정했다.

비로소 약 400년에 걸친 현안이 막을 내리게 된 것이다. 오늘날, 정보론에서 코딩 이론과 '케플러의 추측'이 사실 밀접하게 연관되어 있다는 점에서 더 큰 유용성을 찾을 수 있다.

비행기는 왜 알래스카에 불시착했을까?

 1993년 상하이에서 미국 로스앤젤레스로 향하던 여객기 한 대가 강한 기류의 영향으로 미국 알래스카 주 알류샨 열도의 한 공군기지에 불시착했다.

 상해와 로스앤젤레스는 태평양 하나만 사이에 두고 떨어져 있는데 왜 도중에 알래스카를 지나간 것일까. '비행기가 길을 돌아간 것일까, 아니면 항로를 벗어난 걸까?'라며 의문을 품는 이도 있을 것이다.

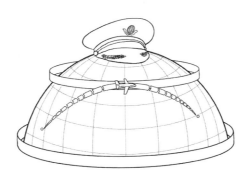

 미국의 알래스카는 추운 곳이고, 중국의 상해와 미국의 LA는 온대 지역에 있다는 것이 우리의 상식이다. 지도를 펼쳐보면 확실히 상해와 로스앤젤레스는 북위 30°가 조금 넘는 위치에 있다. 다만 상해는 동경 120°, 로스앤젤레스는 서경 120°에 위치

한다. 평면 지도에서 보면 북위 30°의 원을 따라 가는 것이 최단 항로로 보인다. 상해에서 로스앤젤레스로 향하던 여객기가 위도가 더 높고 날씨가 꽁꽁 얼어붙은 알래스카에 불시착하게 된 것은 도대체 무슨 이유일까? 비행기는 왜 먼 길을 돌아 비행한 걸까?

일반적인 사람들은 평면 기하에 익숙하지만, 이 문제는 지구라는 구체에서 연구해야 한다. 동일한 구면 위에 두 점 A와 B가 있을 때, 이 두 점 사이의 거리는 어느 경로가 가장 가까울까? 수학적으로 볼 때, 두 점과 구의 중심을 동시에 지나는 하나의 단면을 만들면 이 단면과 구면이 하나의 교선을 가지는데 이 교선은 원임이 증명된다. 이 원 위에서 A와 B를 이으면 구면에 있는 이 두 점 사이의 최단경로가 된다.

구의 중심을 지나도록 단면을 자를 때 생기는 원을 '대원'이라고 한다. 따라서 구면에서 두 점 사이의 최단 거리는 항상 대원 위에 있게 된다. 수박으로 실험을 한다면 고무줄로 수박의 표면을 씌운다고 생각한다. 이때, 두 점 A와 B를 통과하도록 고무줄을 당기면 이 고무줄은 반드시 대원을 따라 팽팽하게 당겨진다. 이 때문에 상해를 출발해 알래스카를 거쳐 로스앤젤레스로 향하는 비행기는 먼 길을 도는 것이 아니라, 최단항로에 따라 비행한 것이다. 지구는 구체에 가까운 것으로, 지구상의 두 점 사이의 거리는 이 두 점을 지나는 대원의 가장 **짧은** 호의 길이가 된다. 상해와 로스앤젤레스를 지나는 대원은 알래스카를 지난다. 그래서 이 항로는 위도 30°인 원을 따라 비행하는 것보다 짧다. 계산으로 확인해 보자.

[그림 2-56]과 같이 점 P를 적도를 지나는 원 위의 점, 점 A와 B는 북위 30°인 점들이 나타내는 원 위의 두 점이라고 하자. 이때, A는 상해, B는 로스앤젤레스를 나타낸다. O는 구의 중심이고, O'는 북위 30° 원의 중심이다. 점 A가 북위 30° 위에 있으므로 $\angle AOP = 30°$, $\angle AOO' = 60°$이다.

만약 $\overline{OP} = R$이라면 쉽게 $\overline{O'A} = \dfrac{\sqrt{3}}{2} R$임을 계산할 수 있다.

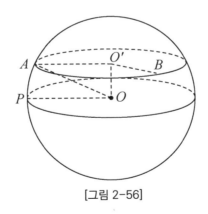

[그림 2-56]

다시 원 O'를 보면 $\angle AO'B = 120°$이다. 왜냐하면 동경에서

120°(상해)에서 동경 180°로 60°회전했기 때문이다. 동경 180°
(서경 180°)에서 다시 서경 120°(로스앤젤레스)로 60° 회전했으므
로 총 120° 회전한 결과이다. 따라서,

$$\widehat{AB} = \frac{120°}{360°} \cdot 2\pi \cdot \frac{\sqrt{3}}{2} R = \frac{\sqrt{3}}{3} \pi R \fallingdotseq 0.58\pi R$$

이는 상해에서 북위 30°의 원을 따라 로스앤젤레스까지 날아
가는 거리이다.

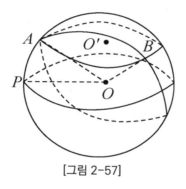

[그림 2-57]

점 A와 B를 지나는 대원을 다시 보자. [그림 2-57]에서 표
시된 $\widehat{AB}$의 길이를 계산해 코사인 정리를 이용하면 다음을 얻
는다.

$$\angle AOB = 97°18'$$
$$\widehat{AB} \fallingdotseq 0.54\pi R$$

상해에서 대원, 즉 알래스카 주를 지나는 원을 따라 로스앤젤레스까지 날아가는 거리를 구해 보았다. 이를 통해 A에서 B까지 대원大圓을 따라 비행하는 경로는 북위 30°인 원을 따라 비행하는 경로에 비해 $0.04\pi R$이 적으며, 지구 반경 R이 약 6371km로 $0.04\pi R$은 약 800km로 계산되는 큰 값임을 알 수 있다.

그러므로 비행기가 중국 상해에서 미국 로스앤젤레스로 갈 때, 알래스카 주 알류샨 열도를 경유하는 것은 우회하는 것도 아니고 경로를 이탈하는 것도 아닌 '완전히' 정상적인 항로이다.

3장

수학은 자유다

그래프 이론, 위상수학, 비유클리드 기하 이야기

7개 다리 문제에서 우편배달부 문제까지 ─|

7개 다리 문제의 전말

18세기 동프로이센의 쾨니히스베르크(현재 칼리닌그라드)에 흐르는 프레겔강은 두 지류가 합류해 큰 강을 이룬다. 이 두 지류의 합류 지점에 작은 섬이 하나 있고 도시 전체가 북구, 동구, 남구의 세 구역과 섬 지역으로 구분되어 모두 7개의 다리가 이들을 연결한다[그림 3-1].

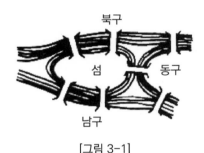

[그림 3-1]

"7개의 다리를 중복하지 않고 빠뜨리지도 않으면서 한 번씩 지나 북구, 동구, 남구, 섬을 한 번에 산책할 수 있는 방법이 있을까?"

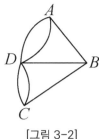

[그림 3-2]

쾨니히스베르크 사람들은 한 번의 산책에서 중복되지 않게 7
개의 다리를 건너고 싶었지만, 어느 누구도 이를 해낸 사람이 없
었다. 모두 이상해하고 그 오묘함을 짐작할 수 없어 수학자 오일
러에게 도움을 청하게 되었다.

오일러는 쾨니히스베르크의 지리적 특성을 나타내는 간단한
도형을 그렸는데, 북구, 동구, 남구 섬을 각각 A, B, C, D라는 4
개의 점으로 표시했다[그림 3-2]. 두 구역 사이에 다리가 있으면
해당하는 두 점 사이에 선을 긋는다. 이렇게 하여 다리 건너기
문제는 [그림 3-2]와 같은 그래프를 중복하지 않고 빠뜨리지도
않게 한 번에 그리는 문제로 바뀌었다.

[그림 3-2]의 4개의 점 중 A, B, C는 각각 3개의 선이 연결되
어 있고, D점은 5개의 선과 연결되어 있다. 우리는 이런 점을 홀
수점이라고 부른다. 만약에 한 점이 짝수 개의 선으로 연결되어
있으면 이를 짝수점이라고 한다. [그림 3-2]에는 짝수점이 없다.

153

이 그래프를 한 번에 그리는 즉, 한붓그리기가 가능하다면 그림에서 시작점과 끝점을 제외하고 들어오고 나가는 선이 항상 짝수 개가 된다. 다시 말해서, 시작점과 종점을 제외한 다른 점에서 연결되는 선의 개수는 항상 짝수이다. 만약, 시작점과 끝점이 동일하지 않다면 시작점과 끝점에 연결되는 선의 수는 홀수이다. 이때 그래프에서 시작점과 끝점만 홀수점이다. 시작점과 끝점이 동일하다면 그림에는 홀수점이 없다.

따라서 오일러는 다음과 같은 결론을 내렸다.

- 그래프에서 홀수점이 없고 짝수점만 있다면 이 그래프는 한붓그리기가 가능하며 어떤 점에서 시작해도 마지막에서 그 점으로 돌아온다.
- 그래프에서 홀수점이 2개라면 이 그래프도 한붓그리기가 가능하고 하나의 홀수점에서 시작해 또 다른 홀수점에서 끝난다.
- 위의 두 가지 상황 이외의 다른 상황의 그래프는 한붓그리기가 불가능하다.

[그림 3-2]에는 4개의 홀수점이 있어 한붓그리기가 가능하지 않다. 이것으로 쾨니히스베르크의 7개 다리 문제는 해결되었다. 애초부터 7개 다리를 중복 없이 빠뜨리지 않고 한 번씩 건너는 방법은 해결될 수 없는 문제였던 것이다.

우편배달부 문제와 관매곡

지금 다루는 주제는 20세기에 OR^Operations Research이라는 새로운 분야가 세워지는데 영향을 준 것이다. 7개 다리 문제에서 홀수점, 짝수점의 아이디어는 최적화 이론에 응용되었는데 예를 들어, 우편배달부가 노선을 선택하는 문제 등이다. 다음에서 함께 살펴보자.

[그림 3-3]에서 우체국은 A지점에 위치하며 우편배달부는 A에서 출발해 그림의 각 지점을 돌아다닌 후 다시 A로 돌아온다. 이때, 길을 반복하지 않고 지날 수 있을까? 어쩔 수 없이 길이 중복된다면 어떤 코스가 최단 거리가 될까?

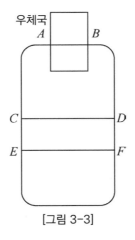

[그림 3-3]

우선 그래프에 홀수점이 몇 개인지 세어보자. 그림에는 모두 4개의 홀수점이 있으므로 한붓그리기가 불가능하다는 것을 어렵지 않게 확인할 수 있다. 따라서 우편배달부는 일부 중복노선을 걸어야 하는데, 이 중복노선을 몇 개의 점선을 그어 그래프 위의 점을 짝수점으로 만든다. [그림 3-4], [그림 3-5]는 짝수점만 있는 그래프이다.

[그림 3-4]에서 중복 노선은 CE와 DF이고 [그림3-5]에서 중복 노선은 CD와 EF이다.

어떤 방법이 중복노선 길이가 더 짧을까? 물론 [그림 3-4]에서 중복 노선이 더 짧다. 만약 당신이 우편배달부라면 당연히 [그림 3-4]의 코스를 선택해야 한다.

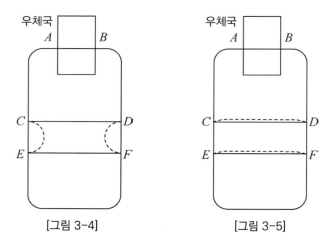

[그림 3-4]   [그림 3-5]

156

이 문제는 중국 수학자인 관매곡 교수가 1960년 먼저 제기해 해결했다. 그해 관매곡은 대학을 졸업한 지 2년밖에 되지 않아 이 과제를 연구하기 위해 산동성 제남우체국에 직접 가서 집배원을 따라다니며 집집마다 편지를 배달했다고 한다. 편지를 배달하면서 그는 로드맵을 그려 최단 노선이 맞는지, 개선할 수 있는지 살폈다.

마지막으로 그는 7개 다리 문제에서 힌트를 얻었고 우편배달부 문제에 대한 논문을 썼다. 관매곡^{管梅谷}의 논문이 발표되자 이 문제는 '중국인 우편배달부 문제(Chinese postman problem 또는 Guan's route problem)'라고 불렸다.

램지 문제

수년 전 국제수학올림피아드에 이런 문제가 출제되었다.

"임의의 6명 중에는 서로 아는 3명이 있거나 서로 모르는 3명이 있음을 증명하라."

학교에서 배운 어떤 수학 지식도 쓸 수 없을 것 같은 이 문제는 참가 학생, 지도 교사 모두에게 속수무책이었다. 하지만 오늘날 이러한 문항은 수학경시대회를 준비하는 과정에서 자주 출제되는 일반적인 문항이 된 지 오래다. 애초에 이런 문제를 풀수 있다는 것은 사고의 민첩함이라고 할 수 있는데, 오늘날에는 이런 문제를 푸는 것이 반복 훈련의 결과일지도 모르며, 반드시 어떤 문제를 설명할 수 있는 것은 아니라는 생각이 든다.

이 문제의 해결을 위해 점으로 사람을 나타낸다고 하자. 모두 6명이므로 여섯 개의 점으로 나타낼 수 있다. 두 사람이 이미 안다면 두 점 사이에 붉은 선을, 서로 모르는 사이라면 두 점 사이를 파란 선을 긋는다. 이런 방법으로 막막했던 문제는 종이 위에 하나의 그림으로 바뀐다. 그런데 이 그림은 우리에게 익숙한 평면 기하 도형이 아니다. 이 그림에서는 두 점을 잇는 선을 곧게 그리기도 하고, 곡선으로 그리기도 하며, 길게 그리기도 하고 짧게 그리기도 한다. 중요한 것은 점과 점 사이의 연결 관계가 틀려서는 안 된다는 것이다.

'서로 아는 3명'이라는 표현은 그림에서 붉은 색 삼각형으로 표시된다. '서로 모르는 3명'은 그림에서 파란 색 삼각형이다. 따라서 문제는 다음과 같이 바뀐다.

"평면 위의 6개의 점이 주어질 때, 6개의 점 중 임의의 두 점 사이를 잇는 각 선을 붉은색 또는 파란색으로 색칠하면 적어도 하나의 삼각형은 세 변이 모두 같은 색이다."

6개의 점을 A, B, C, D, E, F라고 하자. 점 A에 5개의 선이 연결되고 이 선은 모두 2가지 색만 가능하기 때문에 5개 중 적어도 3개는 같은 색이라는 것을 증명할 수 있다. 만약 같은 색의 선이 3개 미만 즉, 2개, 1개, 0개라면 선의 총수는 4개, 3개, … 0개가 되어, 이는 '점 A에 5개의 선이 연결된다'와 모순이 된다[그림 3-6].

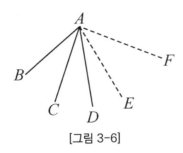

[그림 3-6]

이제 $\overline{AB}$, $\overline{AC}$, $\overline{AD}$의 3개가 붉은 선이라고 가정해 $\triangle BCD$를 연구해 보자. $\triangle BCD$가 파란색 삼각형이라면 평면에 이미 단색 삼각형이 나타났다. 반면에, $\triangle BCD$의 세 변 중 적어도 한 변이 붉은색이라면 즉, 예를 들어 $\overline{BC}$가 붉은색이라면 $\triangle ABC$는 붉은색 삼각형이 된다. 어떤 경우든 평면에 단색 삼각형이 나타나기 때문에 명제는 증명된다.

이는 수학에서 '그래프 이론圖論'이라고 하며, 20세기에 탄생해 매우 활발히 연구되고 있다. 그래프 이론에서는 점과 점의 연결로 이루어진 도형을 '그래프'라고 한다.

그래프는 여러 사물 사이의 관계를 직관적으로 나타낼 수도 있다. 예를 들어 A, B, C, D의 4개 팀이 리그전을 펼칠 때 이미 3경기, 즉 A와 B, C와 D, D와 B가 경기를 치렀다면 경기 상황을 하나의 그래프로 나타낼 수 있다. 그래프는 어느 두 팀이 아직 경기를 치르지 않았는지 쉽게 보여준다. 두 팀의 경기가 있다면 그래프의 각 두 점은 연결되어야 한다. 이렇게 두 점 사이에 선이 연결된 그래프를 완전그래프라고 하고, 그래프에서 점 *A*, *B*, *C*, …를 꼭짓점이라고 한다.

위의 내용을 다시 정리하면 '꼭짓점이 6개일 때, 선분이 2가지 색으로 칠해지는 완전그래프에는 항상 단색 삼각형이 있다.'

꼭짓점이 6개일 때, 선분이 2가지 색으로 칠해지는 완전그래프는 반드시 단색 삼각형을 가질 뿐만 아니라 적어도 두 개의 단색 삼각형이 있다.

어떤 이는 '꼭짓점이 5개, 7개, 8개 심지어 더 많은 꼭짓점이 주어질 때, 선분이 2가지 색으로 칠해지는 완전그래프에는 최소 몇 개의 단색 삼각형이 있느냐'고 물을 수 있다. 이치도 복잡하지 않아 관심이 있다면 직접 그려볼 수도 있을 것이다. 결과는 다음과 같다.

- 꼭짓점이 5개인 완전그래프에 반드시 단색 삼각형이 있는 것은 아니다.
- 꼭짓점이 7개일 때, 2가지 색으로 칠해지는 완전그래프에는 적어도 4개의 단색 삼각형이 있다.
- 꼭짓점이 8개일 때, 2가지 색으로 칠해지는 완전그래프에는 적어도 8개의 단색 삼각형이 있다.
- 꼭짓점이 9개일 때, 2가지 색으로 칠해지는 완전그래프에는 적어도 12개의 단색 삼각형이 있다.

거트만이라는 수학자는 1959년에 다음을 증명했다.

꼭짓점이 $2m$개일 때, 2가지 색으로 칠해지는 완전그래프에는 적어도

$$\frac{1}{3}m(m-1)(m-2)$$

개의 단색 삼각형이 있다.

꼭짓점이 $4m+1$개일 때, 2가지 색으로 칠해지는 완전그래프에는 적어도

$$\frac{2}{3}m(m-1)(4m+1)$$

개의 단색 삼각형이 있다.

꼭짓점이 $4m+3$개일 때, 2가지 색으로 칠해지는 완전그래프에는 적어도

$$\frac{2}{3}m(m+1)(4m-1)$$

개의 단색 삼각형이 있다.

그렇다면 3가지 색으로 칠해지는 완전그래프는 어떨까?

1928년 25세의 영국 수학자 램지[Ramsey]는 이 문제를 말끔히 해결해 '램지 정리'를 세웠다. 하지만 안타깝게도 2년 후 램지는 갑자기 쓰러져 세상을 떠났다.

수학자의 여가 생활

수학자들은 여가시간을 어떻게 보낼까? 19세기의 어느 국제 수학학술대회 기간 동안 수학자들은 식사를 하면서 광범위한 주제의 끝이 없는 이야기를 나누고 있었다. 그때 누군가가 "이 놀이를 한번 해 보죠!"라며 제안하니 모두가 동의했다. 이때, 프랑스 수학자 루카는 "제가 재미있는 문제로 여러분의 사고를 단련시켜 드릴게요."라며 이야기를 시작했다. 그가 제시한 문제는 다음과 같다.

"프랑스 르아브르와 미국 뉴욕 사이에 선박이 오가고, 선박은 7일 동안 대서양의 지정항로를 등속운항한다고 가정한다. 매일 낮 12시 정각에 르아브르에서 뉴욕으로 선박 1척이 출항하는 것으로 알려졌으며, 매일 같은 시간 뉴욕에서도 르아브르행 선박 1척이 출항한다. 르아브르에서 출발한 선박 한 척은 뉴욕에 도착하기 전, 도중에 뉴욕에서 출발한 선박을 몇 척이나 만나게 될까?"

어떤 이는 7일 동안 운항하므로 답은 7번 아니냐고 말할 수도 있지만 물론 이것은 답이 아니다. 이 문제에서 배의 위치는 움직이기 때문에 반대편에서 오는 선박의 수를 정확히 세는 데 어려움이 있다. 루카가 던진 이 질문은 많은 수학자의 흥미를 끌었고, 최초의 답은 다양했다고 한다. 그만큼 이 문제는 사고를 단련시킬 수 있는 문제였다.

우리는 하나의 항로를 나타내는 그래프로 이 문제를 쉽게 풀어낼 수 있다. [그림 3-7]에서, 윗줄의 숫자는 르아브르에서 선박이 출항하는 날짜를 나타내고, 아랫줄의 숫자는 뉴욕에서 선박이 출항하는 날짜를 나타낸다.

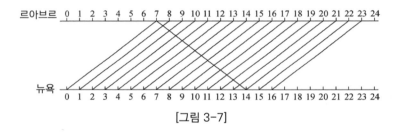

[그림 3-7]

뉴욕발 선박이 매일 1편씩 7일 후에 르아브르에 도착하기 때문에 우리는 아랫줄의 0번째 날과 윗줄의 7번째 날 사이를 사선으로 연결할 수 있다. 마찬가지로 르아브르에서 출항한 선박은 매일 1편씩 7일 후에 뉴욕에 도착하기 때문에 우리는 위쪽의 0번째 날과 아래쪽의 7번째 날 사이에 사선을, 위쪽의 1번째 날과 아래쪽의 8번째 날 사이에도 사선을 계속해서 이어나간다.

위에서 아래로 이어지는 몇 개의 사선을 생략하고 단 한 줄만 긋는다면, 즉 7일째 르아브르에서 출발해 14일째 뉴욕에 도착하는 선박을 표시하는 것이 낫다. 이제 이 선이 몇 개의 선과 교차하는지를 확인하면 되는데 이는 반대편에서 오는 선박을 몇 척 만나는가를 의미한다. 이 배가 르아브르에서 출발한 시각은 낮 12시 정각으로 그때 마침 뉴욕에서 0일째 출발한 선박이 7박 7일 후에 르아브르에 도착하므로 이 선박과 처음 만난다.

이후 도중에 마주친 다른 선박은 그림에서 교차점을 세어 알 수 있으며, 총 13개임이 확인된다. 마지막 교차점은 이 배가 14일째인 낮 12시 정각에 뉴욕에 도착했다는 것을 의미하는데, 마침 뉴욕에서 선박 한 척이 출발하므로 두 배는 마주친다. 그러므로 이 선박은 모두 15척의 건너편에서 온 선박과 만나게 된다.

이 문제는 후에 각색되어 헝가리의 장편소설 『기혼기奇婚記』에 실렸는데 여주인공의 아버지가 사위를 찾는 조건이 바로 세 가지 난제를 풀 수 있느냐는 것이었다.

이런 문제를 풀 때 자주 활용되는 그래프는 기차 시각표, 운항표, 수업 시간표를 배정할 때 유용하다. 최근 몇십 년 동안 인공지능이 매우 빠른 속도로 발전해 컴퓨터를 이용하면 더 복잡한 그래프도 작성할 수 있다.

식목일의 수학 문제

어느 해, 식목일에 사람들은 물통, 삽 등의 도구를 가지고 새로 건설된 교차로 아래 빈터를 찾았다. 묘목은 이미 현장에 운반되어 사람들의 손길을 기다렸다.

'부녀자 팀'은 묘목 9그루, '정예 팀'은 묘목 20그루를 배정받았다. 모두가 팔을 걷어붙이고 일을 시작하려 할 때, '정예 팀'의 왕대용은 '부녀자 팀'에게 문제를 하나 내었다.

"9그루의 묘목을 각 행에 3그루씩 심는다면 몇 개의 행을 만들 수 있을까?"

'부녀자 팀'의 고삼매는 바닥에 그림을 그리더니 "3개요!"라며 자신 있게 대답했다. 이에 왕대용은 "몇 개의 행이 더 만들어지진 않나요?"라며 반문했다.(주의 : 한 그루는 한 행에 세어질 수 있고 또 다른 행에서도 세어질 수 있다.)

고삼매가 조금 생각해 보더니 "그럼, 8개!"라고 말했다. 사람들은 모두 고삼매가 그린 네모반듯한 정사각형 [그림3-8]을 보며 고개를 끄덕였다. 그러나 왕대용은 "나는 10행을 만들 수 있지."라고 했다.

166

모두가 미심쩍은 눈빛을 보내자 왕대용은 [그림 3-9]를 그렸다. "정말로 10행이다!" 그 자리에 있던 사람들은 모두 깜짝 놀랐다.

[그림 3-8]

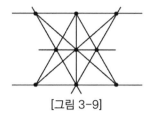

[그림 3-9]

이에 '부녀자 팀'의 장영도 '정예 팀'에 도전장을 내밀었다.

"20그루의 묘목을 각 행에 4그루씩 심을 때 최대 몇 행을 만들 수 있을까?"

모두들 하던 일을 내팽기고 자갈과 나뭇가지로 바닥에 그림을 그리기 시작하자 인솔자는 당황하며 "먼저 나무를 심고 돌아가서 의논하세요!"라며 경고했다. 이에 식목일 파동은 비로소 진정되었다.

나무심기 문제의 신기록

나무심기 문제는 유명하고 그 역사가 깊다. 왕대용의 첫 번째 질문도 '아홉 개 동전 문제'(동전과 나무의 역할은 같다)였다. '아홉 개 동전 문제'를 해결한 후, 사람들은 계속해서 개수를 늘렸는데, 예를 들어 위에서 언급한 바와 같이 '20그루의 묘목을 각 행에 4그루씩 심으면 최대 몇 행이 되도록 심을 수 있을까?'를 고민했다.

고대에 그리스인, 로마인, 이집트인들이 차례로 16행의 정렬 문제를 해결하고 기하학적으로 아름다운 문양을 건축 장식과 공예 미술에 널리 적용했다.

18세기 독일의 수학자 가우스는 20그루의 나무가 18개의 행으로 배열되어야 한다는 결론을 내렸지만, 사람들은 가우스가 그린 18행의 그래프를 확인하지 못했다. 19세기에 이르러 저명한 아마추어 수학자 샘 로이드가 심사숙고와 재배치를 거듭해 20그루의 나무로 18행을 심을 수 있다는 결론을 내놓았다. 그래프는 놀라울 정도로 복잡했고, 이는 당시 이 문제를 해결한 세계 기록이 되었다[그림 3-10].

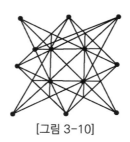

[그림 3-10]

20세기에 컴퓨터 기술의 비약적 발전이 각 분야의 발전을 이끌면서 사람들은 새로운 '무기'로 오래된 문제를 다시 연구하기 시작했는데 나무심기 문제가 그중 하나이다. 컴퓨터를 이용해서 누군가는 22행의 해법을 쉽게 찾아내었다[그림 3-11].

[그림 3-11]

21세기에 들어서자 수학자들은 다시 20그루의 나무심기 문제를 제기했다. 2006년 어느 초등학교 교사가 연구에 몰두해 23행의 그래프를 그려 그 기록을 깼다[그림 3-12].

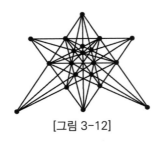

[그림 3-12]

    그는 "내가 23행의 그래프를 그릴 수 있었던 것은 단지 거인의 어깨 위에 서 있었기 때문일 뿐이다. 20그루의 나무심기 문제는 또 새로운 돌파구가 있을까? 20그루의 나무심기 문제는 최대 몇 행으로 배열될 수 있을까? 20그루의 나무가 최대 24행으로 배열될 것으로 추측된다."라고 말했다. 나는 이 예언이 또 다른 누군가에 의해 실현되기를 바란다.

'4색 문제'의 전말

'4색 문제'는 수학 역사상 유명한 난제로, 이를 해결하는 데 100여 년이 걸려 많은 수학자들이 골머리를 앓았다.

1852년 프랜시스 거스리$^{Francis\ Guthrie}$라는 영국 청년이 지도를 만들던 중 지도마다 4가지 색으로 채색하면 이웃 국가를 구별할 수 있다는 사실을 알게 되었다. 그러나 거스리는 그 원리를 찾아낼 수 없었다. 그는 자신의 형 프레드릭 거스리에게 물어봤지만 형도 적지 않은 실험을 했는데 그 원리를 발견하진 못했다. 그는 너무 놀라 스승인 드 모르간을 찾아가 가르침을 청했다. 드 모르간도 이 결론을 증명할 수 없었고, 지도를 색칠하는 데 필요한 색이 4가지보다 더 많이 필요한 경우가 반드시 존재한다는 반례도 찾을 수 없었다. 그래서 또 유명한 기하학자 해밀턴 경을 찾아가 함께 연구했다. 해밀턴 경이 13년에 걸쳐 노력했지만 그는 1865년 세상을 떠났고 여전히 결말이 나지 않았다.

그러다 1878년 영국의 수학자 케일리는 런던에서 열린 수학 총회에서 흥미로운 '4색 문제'를 제기하면서 전 세계 수학자들에게 희망을 걸었다. 그렇게 '4색 문제'가 탄생했다.

여러분은 이 문제가 '뭐가 어려울까'라고 생각할 수도 있다. 단지 몇백 장의 지도를 그려보면서 다섯 번째 색이 꼭 필요한지 아닌지 확인하면 되지 않을까, 생각할 수도 있다. 만약 모든 지도가 4가지 색만으로 충분하다면 우리는 결론을 내릴 수 있다. 하지만 이런 생각은 틀렸다. 수학적 결론은 모두 이론적 증명을 거쳐야 성립된다.

수학자들은 '4색 문제'를 해결하기 위해 머리를 맞대었다. 흥미롭게도 수학자 헤르만 민코프스키(아인슈타인의 스승)가 엄밀하게 연구하였고 이 문제의 판을 뒤집게 되었다.

어느 날, 그가 대학 강의 중이었는데 한 학생이 4색 문제를 질문했다. 민코프스키는 "4색 문제가 좀처럼 해결되지 않고 있는데, 그건 단지 오늘날 세계 일류 수학자들이 그것을 연구하지 않기 때문일 뿐이다."라고 대답했다.

잠시 후, 민코프스키가 갑자기 분필을 집어 들고 학생들에게 4색 문제를 추론하려고 했다. 하지만 생각과 다르게 그는 제대로 설명하지 못했다. 다음 시간에 그는 또 시도했지만 실패하였고 몇 주째 진전이 없었다. 결국 어느 날 민코프스키가 지칠 대로 지쳐 강의실에 들어섰을 때, 천둥번개가 치고 폭우가 쏟아졌다. 이에 그는 이렇게 말했다.

"하늘이 오만방자하다고 꾸짖는다. 나는 4색 문제를 해결할 수 없다."

이후 1879년 영국의 수학자 겸 변호사 알프레드 캠프Kempe가 이 문제의 증명을 제시하였고 수학자 퍼시 히우드Percy Heawood는 이 증명이 틀렸다는 것을 밝혀내었다. 그 후 적지 않은 수학자들이 증명을 하였지만 이후 이런 증명들에 다소 문제가 있는 것으로 드러났다.

100여 년 동안 이 추측은 수학자들을 곤경에 빠뜨렸으며, 이 문제가 성립됨을 증명할 수 있는 사람은 아무도 없었다. 4색 문제는 증명이 어려워 수학적 난제로 유명세를 떨쳤다. 하지만 이런 의외의 난해함은 수학자들에게는 놀라움에 그치지 않고 호기심을 자극해 이를 정복하겠다는 결심을 하게 만들었다.

1975년 4월 1일, 유명한 취미 수학 작가 마틴 가드너는 〈사이언티픽 아메리칸〉지에 4색 문제를 해결한 사람에게 수상을 하겠다고 발표했다. 그런데 사실 이는 만우절 농담으로 서양에서는 이날의 농담은 금기가 없다.

그런데 누구도 진지하게 듣지 않았을 줄 알았던 가드너는 1,000여 통의 독자 편지를 받는다. 수학 애호가들이 이토록 관심을 보이며 달려들 정도니 4색 문제가 얼마나 매력적이었는지 알 수 있다. 여러 해 동안 수학자들은 이 문제를 해결하지는 못했지만 적지 않은 연구가 계속 이어졌다. 예를 들어 누군가가 5색 정리를 증명했다면 어떤 지도라도 5가지 색으로 채색하면 충분하다는 얘기다. 특히 누군가가 4색 문제를 증명하는 아이디어를 찾았지만 아쉽게도 작업량이 방대해 한 사람이 계산하면 수십만 년이 걸리는 정도였다. 1970년대 초반의 컴퓨터 수준으로 따지면 10만 시간을 가동해야 결론을 낼 수 있을 정도로 엄청난 작업량이었다. 컴퓨터의 성능이 계속 향상됨에 따라 수학자가 4색 문제를 증명하는 방안에 대한 개선을 원하자 컴퓨터로 4색 문제를 증명하려는 시도가 있었다.

1976년 미국 수학자 아펠과 하켄이 컴퓨터로 1,200시간을 들여 4색 문제의 증명을 완성했다. 20세기 가장 큰 수학적 성과 중 하나인 4색 문제를 증명하면서 수학계는 물론 국제사회 전체가 들썩였다. 컴퓨터를 기반으로 한 인공지능이 수학의 발전에 헤아릴 수 없는 의미를 지닌다는 증거이다. 오죽하면 이 점이 4색 문제 자체보다 더 중요하다고 여겨지겠는가.

하지만 컴퓨터를 이용해 정리를 증명하는 데 회의적인 학자도 있다. 컴퓨터가 문제를 증명할 때 약간의 오류를 일으켰다가 또 정확한 결과를 얻었다면 증명된 결과가 어떻게 납득될 수 있겠느냐는 것이다. 그래서 4색 문제가 해결된 것으로 보이지만 논란은 가라앉지 않고 있는 것이다.

제목만 보고 여러분 중에 '해밀턴이 여행자로 세계 일주를 한 것일까?'라고 생각할지도 모른다. 해밀턴은 여행자가 아닌 19세기 아일랜드의 수학자이다.

1859년 이 대수학자는 뜻밖에도 작은 장난감 하나를 발명해 판매했다. 가격은 25파운드로 당시 파운드의 실제 가치와 현재 가치는 다를 수 있지만 큰 수익은 없었던 것 같다.

해밀턴이 발명한 장난감은 정십이면체 모양이다. 정십이면체는 12개의 면을 가지며, 각 면은 정오각형으로 총 20개의 꼭짓점을 가진다[그림 3-13].

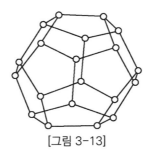

[그림 3-13]

해밀턴은 20개의 꼭짓점에 런던, 파리, 베를린, 뉴욕, 상하이, 뭄바이, 카이로 등 세계 유명 도시를 표시했다. 게임 참가자들은

정십이면체의 모서리를 따라 정십이면체에 표시된 곳곳을 돌아
다닐 수 있지만 한 도시를 두 번 지나갈 수 없도록 했다.

이 놀이는 당시 상류사회에서 큰 인기를 끌었다. 훗날 놀이
에 숨은 게임 원리를 '해밀턴의 세계 일주 문제'라고 부르게 되
었다. [그림 3-14]에서 보여주는 코스가 바로 '세계 일주 코스'
이다.

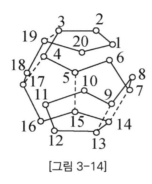

[그림 3-14]

비록 이 장난감으로 얻은 수익은 크지 않았지만, 그 배후에 있
는 수학적 발견은 매우 큰 의미가 있다. 20세기에 탄생한 수학
의 그래프 이론도 바로 해밀턴의 세계 일주 문제를 묻는 등의
이론을 바탕으로 발전했다.

그래프 이론에서는 하나의 그래프([그림 3-13]과 같이 복잡할 수
도 있고 간단할 수도 있다)에 있는 모든 꼭짓점을 포함하는 사이클
을 '해밀턴 사이클'이라고 한다. '해밀턴 사이클을 어떻게 구하느

냐', 특히 '가장 짧은 해밀턴 사이클을 어떻게 구하느냐'가 중요한 문제가 된다. 매우 복잡한 그래프에서는 초고속 연산을 하는 컴퓨터라고 할지라도 최단 경로를 찾는 알고리즘은 상당히 어렵다. 흥미로운 것은 초고속 컴퓨터를 꼼짝 못하게 만들었던 문제가 작은 꿀벌 한 마리에 의해 해결될 수 있다는 것을 발견한 것이다.

2010년 영국 로열 홀러웨이 런던대학교^{RHUL, Royal Holloway, University of London} 연구진은 꽃밭을 날아다니는 꿀벌이 '해밀턴 사이클'을 쉽게 해결할지도 모른다고 지적했다. 이들이 인공적으로 제어된 가짜 꽃을 이용해 실험한 결과, 꽃의 위치를 임의로 바꾸더라도 꿀벌은 조금 더 탐색한 뒤 서로 다른 꽃 사이를 비행할 수 있는 최단 경로를 빠르게 찾을 수 있었던 것으로 확인되었다.

미로 문제

　중국 저장성에서 제갈마을이 발견되어 관광의 핫이슈가 되었다. 제갈마을은 제갈량의 후손이 세운 마을로 삼면이 산으로 둘러싸여 있고 하나의 길만이 외부로 통한다. 전해지는 말에 따르면 북벌군이 제갈마을 부근에서 군벌과 3박 3일 동안 격전을 치렀는데, 제갈마을은 어떤 영향도 없었다고 한다. 이후 일본의 침략자도 깊은 산속에 있는 제갈마을을 발견하지 못했다. 사실은 적군이 마을에 쳐들어왔어도 나갈 수 없었을 것이다.

　이 마을의 중심에는 원형의 팔괘 문양이 있는데, 하나의 구부러진 곡선이 이 원형을 반으로 나누어 반은 연못, 반은 육지로 음양 두 개의 '팔괘어'를 이루고 있다. 팔괘어의 눈 위치에 우물이 두 개 있다. 중심에서 8개의 길이 뻗어 나오고, 마을 사람들이 이 길을 따라 집을 지었다. 8개의 산길 사이에는 또 복잡한 작은 길이 이어져 있는데 어떤 길은 사는 길이고, 어떤 길은 죽은 길이라고 한다. 이는 제갈마을을 세운 사람이 조상 제갈량의 '팔괘진'을 본따 설계한 것이라고 한다. 알다시피 『삼국지연의』에서 동오의 장군 육손은 바로 제갈량의 '팔괘진'에 갇혔다. 과학적으로 보면 '팔괘진'은 사실 하나의 미로에 해당한다.

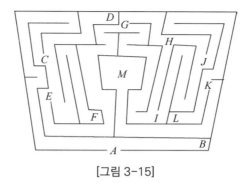

[그림 3-15]

어떤 유럽의 정원들은 종종 미로 모양으로 디자인되기도 한다. [그림 3-15]는 유명한 정원의 지형도이다.

많은 소설에서도 미로가 언급되었는데 영국 작가 W. 스콧의 책 『Woodstock (or the Cavalier)』에 이런 이야기가 실려 있다.

영국 국왕은 로사먼드라는 여인을 사랑해 그녀를 위한 멋진 정원을 만들었다. 그런데 미로처럼 길이 꼬불꼬불하게 설계되어 있어 외부인이 정원의 신비를 모르고 들어가면 길을 잃어 다시는 걸어 나올 수 없을 정도였다. 왕후는 로사먼드를 시기해 어떻게 제거할지 노리고 있었지만 미로 같은 정원탓에 그녀를 찾을 수가 없었다. 그런데 어떤 이가 왕후에게 정원의 비밀을 알려주었고 왕후는 정원의 설계도를 손에 넣을 수 있었다. 결국 이 복잡한 정원의 구조를 알게 되어 왕후는 로사먼드를 찾아내게 된다.

　사실 사람들이 미로에서 빠져나오는 서툰 방법이 있는데, 그
것은 바로 길의 오른쪽(또는 왼쪽)을 기준으로 가는 것이다. 비록
이 방법이 좀 서툴고 한 길을 두 번씩 걸어야 하지만 미로에서
빠져나올 수는 있다. 물론 어떤 규칙을 기억한다면 미로를 걸을
때 빠를 수도 있다. 이런 규칙들은 비교적 복잡하지만 많은 책에
서 언급하고 있는 방법이다.

　미로는 고전적 과제이지만 현대 과학에서도 여전히 그 논의
가 활발히 이루어지고 있다. 심리학자들은 종종 생쥐를 미로에
넣어 지적 능력을 측정하기도 한다. 정보론의 창시자 섀논은 '미
로 쥐'라고 불리는 기계를 만들었다. 이 기계에서 쥐는 학습을
통해 점점 똑똑해지고 더 빠르게 미로에서 생크림 케이크를 찾
아내는 것을 관찰할 수 있었다.

미로 문제는 수학에서 '그래프 이론'의 범위에 속한다.

1980년 중국의 수학자 홍가위는 컴퓨터로 미로 문제를 처리하는 등 성과를 거두었는데 흥미로운 점은 홍가위의 유머러스한 논문이다. 제목은 '세 중국인의 알고리즘'으로 할아버지와 아버지, 아들 세 사람이 슬기롭게 미로를 빠져나가는 방법이 담겨있다.

완전 정사각형과 회로

　흥미로운 수학문제를 하나 소개하려고 한다.

　"아버지는 아홉 명의 아들에게 유산으로 네모진 땅을 나누어 주려고 한다. 그는 아들들에게 나이와 비례한 정사각형의 땅을 주고 싶어 아홉 아들의 나이와 각 정사각형의 면적이 서로 정비례하기를 바란다 (단, 아들들의 나이는 모두 서로 다르다)."

　이 문제는 사실 정사각형 하나를 몇 개의 작은 정사각형으로 분할할 수 있는가에 관한 것이다. 만약 정사각형(직사각형)이 분할되거나 크기가 조금 다른 정사각형(또는 직사각형)으로 분할될 수 있다면, 이 큰 정사각형(또는 직사각형)을 완전 정사각형(또는 완전 직사각형)이라고 한다.

　이런 정사각형은 실제로 존재할까? 이런 정사각형이 존재한다면 그 종류는 몇 개일까? 완전 정사각형이 주어질 때, 어떻게 하면 작은 정사각형으로 분할할 수 있을까? 이 과제는 일찍이 적지 않은 학자들의 흥미를 끌었다. 그러나 1930년대 이전까지 완전 정사각형이나 완전 직사각형을 찾아낸 사람은 아무도 없었다. 이 때문에 일부 수학자들은 완전 정사각형이나 완전 직사각형은 존재하지 않는다고 추측했다.

1938년 4명의 미국 학자가 정사각형 하나를 69개의 작은 정사각형으로 분할하는 데 성공해 69-완전 정사각형을 만들었다. 1939년 독일 베를린의 슈팔라거는 크기가 다른 39개의 정사각형으로 이루어진 커다란 정사각형을 찾아냈다. 그러다가 영국 캠브리지대학교에서 화학을 공부하던 대학생 윌리엄 토머스 타트와 그의 동료들이 이 수학 문제에 깊이 매료되어 밤낮없이 연구하였고 마침내 1940년에 9개 미만의 정사각형으로는 하나의 직사각형을 만들 수 없다는 것을 증명했다. 그리고 9개의 작은 정사각형으로 분할되는 단 두 개의 9-완전 직사각형을 찾았다 [그림 3-16].

이후 타트는 완전 정사각형(완전 직사각형)과 관련된 그래프 이론을 연구하는 데 뜻을 두었고, 그는 마침내 전 세계에 명성을 떨치는 그래프 이론 학자가 되었다.

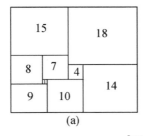 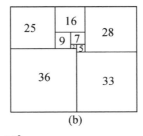

[그림 3-16]

1940년, R. L. 브룩스는 [그림 3-17]과 같은 26-완전 정사각형을 찾았다. 1967년, 존 윌슨은 25-완전 정사각형을 찾아냈다. 1960년 크리스토퍼 뷰캠프 등은 컴퓨터를 이용해 9-완전 직사각형부터 15-완전 직사각형을 모두 구해냈다. 1962년에 이르러 네덜란드 수학자 아드리아누스 뒤이비스팅은 19개 이하의 정사각형으로 분할되는 완전 정사각형은 존재하지 않는다는 것을 증명했다. 1978년에는 20-완전 정사각형도 존재하지 않음을 증명하고 21-완전 정사각형을 찾아냈다[그림3-18]. 또한 21-완전 정사각형의 유일함도 증명했다.

[그림 3-17]

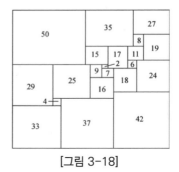

[그림 3-18]

더 흥미로운 것은 완전 정사각형(완전 직사각형) 문제가 회로와 밀접한 관계가 있다는 점이다.

회로에서 몇 개의 선로가 만나는 '결점結点'마다 유입되는 전류와 유출되는 전류는 동일하다. 예를 들어, 결점 a에서의 유입 전류가 69라면, 유출 전류도 25＋16＋28＝69이다. [그림 3-19]는 [그림 3-16] (b)의 완전 직사각형에 대응하는 회로도이다. [그림 3-16] (b)의 직사각형 한 변의 길이는 69(결점 a를 나타내는 곳에 흐르는 전류는 69)이고, 이 변을 세 부분으로 나누어 각각 25, 16, 28의 작은 정사각형(결점 a를 나타내는 유출 전류는 각각 25, 16, 28을 나타낸다)을 구성하고, 한 변의 길이가 16인 정사각형 아래에 변의 길이가 7, 9인 두 개의 정사각형(결점 b에 유입되는 전류는 16, 유출 전류는 7＋9＝16을 나타낸다)을 구성한다.

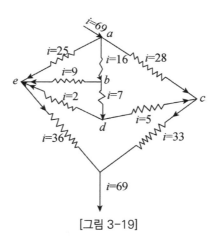

[그림 3-19]

그저 재미로 접근했던 수학 문제가 어느 날 우리의 삶에 매우 유용하다는 것을 알게 되는 예가 많은 데 여기서 제기된 문제도 마찬가지다. 완전 정사각형 문제는 또 하나의 새로운 난제인 '어떻게 한 변이 정수인 정사각형을 분할해 몇 개의 정수인 변을 가지는 직각삼각형을 만들 수 있을까?'를 이끌어냈다. 이 질문을 가장 먼저 던진 사람은 일본의 「수학 퍼즐 게임」지의 스즈키 아키오 편집자였다.

"1966년 여름, 한 변의 길이가 39,780인 정사각형을 직각삼각형 12개로 나누는 해법이 발견되었다. 한 변의 길이가 이것보다 더 짧은 정사각형을 더 적은 수의 직각삼각형으로 분할할 수 있을까?"

1981년까지 정사각형의 한 변의 길이가 1,000 이하, 분할된 직각삼각형 수가 10 이하인 해는 20개가 있었다. 일본인 구마가야 다케시는 1968년 한 변이 6,120인 정사각형을 직각삼각형 5개로 분할해 가장 적은 분할 수로 기록을 세웠다.

그 후 사람들은 계속해서 한 변의 길이가 1,248인 정사각형을 직각삼각형 5개로 분할했다[그림 3-20]. 1976년 한 변의 길이가 48인 정사각형을 7개의 직각삼각형으로 분할하는 방법을 우연히 발견해 정사각형의 변의 길이가 가장 작은 기록을 세웠다[그림 3-21].

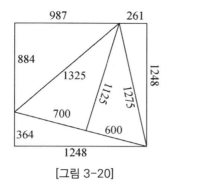

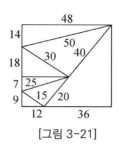

[그림 3-20]   [그림 3-21]

이 두 기록은 갱신될 수 있을까? 아직까지 이론적인 증명은 없다. 가까운 미래에 이 문제가 이론과 방법, 그리고 응용에 있어서 새로운 돌파구가 마련되기를 기대해 본다.

재미있는 뫼비우스 띠

비틀린 띠

사랑은 때때로 알 수 없고 도무지 이해가 되지 않기도 한다. 남들이 보기엔 아주 잘 어울린다고 말하지만 정작 당사자들은 서로 말이 잘 통하지 않을 수 있고, 남들이 보기에 여자는 재능과 용모가 뛰어난 반면, 남자는 여러 방면에서 부족한데 둘이는 서로 좋아 어쩔 줄 모르는 경우라면 서로 인연이 아닐까 싶다.

고대에 혼인하는 쌍방에게 점을 치는 전통이 있었다. 당연히 미신이지만 점술가의 한 마디에 얼마나 많은 연인이 헤어졌는지 모르겠다. 서양에서도 사람을 속이는 일들이 있었다고 한다. 남녀가 '어울린다', '어울리지 않는다' 또는 '인연'인지 아닌지를 동그랗게 만든 띠 종이로 테스트하는 것이 그것이다.

이 띠는 긴 리본의 양쪽 끝을 붙여 하나의 원을 만든 다음, 가위로 리본의 너비가 2㎝이면 가운데를 따라 각 1㎝ 너비의 리본 두 가닥을 잘라내는 것이다. 만약 잘라서 리본이 두 개의 독립된 원이 된다면 이 두 사람은 인연이 없다는 것이다. 어떤 독자는 한 원의 중간을 자르면 당연히 두 개의 원이 되는 거 아닌가, 하고 생각할 수도 있다! 그렇다면 다른 가능성은 무엇일까? 이 방법대로라면 사람마다 '인연'이 없는 것 아닌가.

당연히 아니다. 리본의 양쪽 끝을 붙일 때, 앞면은 앞면에, 뒷면은 뒷면에 붙인다고 생각하는 사람이 많다. 만약, 이런 생각으로 띠를 만든다면 두 개로 나누었을 때 분명히 두 원으로 잘려지므로 두 사람은 '인연이 없다'로 나타난다.

하지만 '인연 테스트'를 하는 점술가는 리본을 붙일 때 한쪽 끝을 돌려놓고 다른 쪽 끝과 이어 붙이는, 즉 앞면과 뒷면을 이어 붙이는 조작을 아무도 모르게 할 수 있다. 리본의 앞, 뒷면을 자세히 살피지 않으면 알 수 없기 때문에 이 작은 동작은 사람들의 눈에 띄지 않는다. 결국 동그란 끈의 너비를 반으로 나누는 지점을 따라 잘라나가면 두 개의 원으로 나눠지는 것이 아닌 한 개의 원이 된다. 즉, 점술가는 이 큰 원을 두 사람의 목에 걸어 인연이 있는 것으로 선언했다. 사실은 이 행위는 웃지 못할 사기극이다.

또 다른 이야기는 어떤 이가 농부의 물건을 훔쳐 체포되어 관청으로 보내졌다. 주임 판사는 도둑이 자신의 못난 아들이라는 것을 알게 되었다. 주임 판사는 혐의를 피하기 위해 이 사건을 후배 판사에게 위임해 처리하게 했다. 그는 후배 판사에게 쪽지를 한 장 쥐어주면서 앞면에 "농부는 체포하고 도둑은 풀어줘야 한다."라고 썼다. 이를 받은 판사는 쪽지를 보고 분통을 터뜨리며 어떻게 하면 상사의 미움을 사지 않으면서도 정의로운 판결을 내릴 수 있을지 마음속으로 궁리했다. 마지막으로 그는 쪽지를 비틀어 양 끝을 뭉치는 방법을 생각해냈다. 그러면 이 두 구절을 연결해서 읽을 수 있게 된다. 후배 판사는 일부러 "도둑은 체포하고 농민은 풀어줘야 한다."라고 크게 읽었다. 주임 판사는 화가 치밀어 올랐지만 어찌할 도리가 없었다.

뫼비우스의 띠

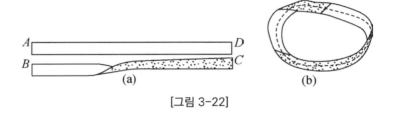

[그림 3-22]

긴 띠를 돌려 붙인 원을 '뫼비우스 띠'라고 부르는데 이는 1858년 독일 수학자 뫼비우스가 발견한 것이다. 뫼비우스 띠는 매우 재미있다.

우선 이 띠는 앞뒷면이 없다. 즉, 작은 벌레 한 마리가 이 띠 한쪽 면의 어느 한 지점에서 출발해서 띠의 가장자리를 넘지 않고 기어간다면 마지막에는 원래 출발점의 뒷면에 도달하게 된다. 혹은 이런 끈에 색을 칠한다면 결국에는 앞뒷면이 구분되지 않게 한 가지 색으로 칠해질 것이다. 그래서 뫼비우스 띠는 '면이 하나인 곡면(단측곡면)'이라고 부르기도 한다[그림 3-22].

이제 앞서 말한 바와 같이 뫼비우스 띠의 가운데를 자르면 두 개의 원이 아닌 하나의 큰 원을 얻을 수 있는데, 다만 그 모양이 좀 더 심하게 뒤틀려 있을 뿐이다. 이것을 다시 가운데를 따라 자르면 어떤 결과를 얻을 수 있을까? 기존 뫼비우스 띠의 너비를 세 부분이 되도록 자르면 어떻게 될까? 처음에 양끝을 붙일 때 한쪽 끝을 한 번만 비트는 게 아니라 몇 번 더 돌려서 잘라내면 어떻게 될까? 여러분도 직접 만들고 잘라서 확인해 봐도 좋다.

뫼비우스 띠는 수학의 한 분야인 위상수학의 연구 내용이다. 뫼비우스 띠는 실제 어떤 용도가 있을까? 원래는 하나의 놀이에 불과했지만, 그 쓰임새가 적지 않다는 것을 알게 되었다.

먼저 컨베이어벨트에 쓰인다. 일반적인 벨트는 한쪽 면이 먼저 마모된다. 하지만 벨트를 만들 때 한쪽 끝을 돌려 뫼비우스의 띠로 만든다면 벨트의 마모가 양면이 고르게 된다. 뫼비우스 띠와 관련이 있는 발명품도 적지 않다. 1923년 프레스트라는 사람은 뫼비우스 띠의 성질을 이용해 양쪽 모두 녹음할 수 있는 테이프를 고안했다. 1966년 R.L.데이비스는 유전물질을 180° 비틀어 하나의 뫼비우스 띠로 연결한 '뫼비우스 저항기'를 발명해 두 개의 전도성 표면을 분리했다. 1981년, 미국 콜로라도 대학의 데이비드 발바는 뫼비우스 띠 모양의 분자를 합성했다.

뫼비우스 띠는 조형이 독특해 예술 분야에서도 많이 사용되는데 뫼비우스 반지를 디자인하기도 한다. 미국 워싱턴 지역의 한 박물관 외부에는 강철로 만든 뫼비우스 띠 조형물이 있고 미국 피츠버그의 놀이공원에는 뫼비우스 띠와 같은 궤도를 가진 롤러코스터가 있다. 승객들은 롤러코스터에 앉아 이리저리 뒤척이다가 '앞면'을 지나 '뒷면'으로 전환되는 스릴감 넘치는 주행을 만끽할 수 있다.

한 편의 마술 공연이 시작되었다. 마술사의 지휘 아래 어여쁜 아가씨가 밧줄로 묶여 물이 가득 찬 유리 항아리에 던져졌다. 그리고 유리 항아리는 천으로 가려졌다. 관중의 마음이 순식간에 쪼그라들기 시작한다.

갑자기 '펑' 하는 소리가 들린다. 마술사가 쏜 한 방이었다. 그러자 무대 위에 좀 전의 아가씨가 '짠' 하고 나타났다. 관객들의 애끓던 마음이 그제야 내려앉았다. 이 아가씨는 생사의 고비에서 운 좋게 풀려난 것일까?

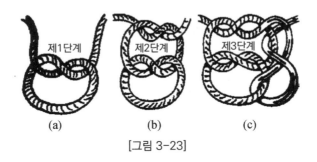

[그림 3-23]

마술은 언제나 '가짜'다. 나는 마술을 할 수 없으니 마술의 비밀을 밝힐 방법은 없다. 그러나 마술에는 종종 과학적 기교가 숨어 있다. 대부분의 마술은 어떤 과학적 원리를 교묘하게 적용해 만들어낸 것으로 참과 거짓의 기가 막힌 결합을 보여준다.

아가씨가 밧줄로 묶일 때, '매듭'에는 어떤 메시지가 있었다. [그림 3-23]의 매듭은 바로 가짜 매듭으로 매듭처럼 보이나 조금씩 느슨하게 풀다 보면 매듭을 완전히 풀 수 있다.

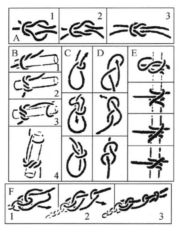

[그림 3-24]

매듭은 실제 쓰이는 용도가 적지 않다. [그림 3-24]에서 A는 가장 일반적인 매듭인 '평매듭'으로 두 줄을 이어 물건을 묶을 때 쓰인다. B는 '나무 매듭'으로 목재를 운반할 때 쓴다. C는 '구명 매듭'으로 말 그대로 생명을 구할 때 쓴다. D는 '팔자 매듭'으로 매듭짓기가 빠르다는 장점이 있다. E는 '삽입 매듭'으로 매듭을 장대에 단단히 감아주고, 나중에 쉽게 풀 수도 있는데 끈을 당겨 빨래를 널려면 이런 매듭이 최선이다. F는 '어부 매듭'이라고 불리는데 물고기 등을 서로 물리게 묶을 수 있다.

수학자는 매듭을 이론적으로 연구한다. 수학에서 '매듭 이론 Knot Theory'은 위상수학에 속하며 19세기에 시작되었다. 당시 물리계에서는 세상이 종잡을 수 없이 흐르는 '에테르'로 구성되었다는 시각이 있었다. 과학자 켈빈은 원자를 '에테르'에 존재하는 일종의 소용돌이, 매듭이라고 보고 매듭을 분류하려 했다. 켈빈의 이론이 반드시 옳다고 할 수는 없었지만 매듭에 대한 수학적 연구가 시작됐다. 컴퓨터 시대의 도래로 과학자들은 컴퓨터를 이용해 스크린에 다양한 종류의 매듭을 그려내고, 그에 대응하는 방정식을 쓰려고 애썼다.

매듭 이론은 현대 생물학과 물리학 분야에서 큰 역할을 한다. 예를 들어 20세기에는 유전학이 획기적으로 진전, 발전되었다. 유전학에서 디옥시리보핵산DNA은 유전물질을 담고 있다. 그렇다면 DNA는 어떤 모양일까? 연구 결과 일부 DNA가 원을 이루거나 매듭을 지을 수 있다는 사실이 밝혀졌다.

우리는 신발 끈을 묶으며 일상에서도 매듭을 짓는데 이런 평범해 보이는 매듭이 유전공학과 관련이 있다는 생각을 하니 정말 흥미롭다. 일반적인 DNA 형상에 따라 과학자는 또 다른 DNA가 나타날지 판별할 수 있고 관찰되지 않은 DNA의 구조를 예측할 수 있다. 현대 물리학에서 입자, 매듭 이론에 대한 연구는 입자 간 상호작용을 이해하는 데 큰 도움이 된다.

신기한 눈꽃 곡선

[그림 3-25]와 같이 정삼각형을 그리고 정삼각형의 각 변을 3
등분한다. 가운데 있는 선분을 한 변으로 하는 정삼각형을 바깥
쪽으로 만들면 육각별 모양을 얻는다. 이것이 첫 번째 눈꽃 곡선
(2)이다. 그런 후에, 육각별(2)의 각 변을 3등분해 위와 같은 과
정을 반복하면 두 번째 눈꽃곡선(3)을 얻는다. 이 과정은 무한
번 진행될 수 있다.

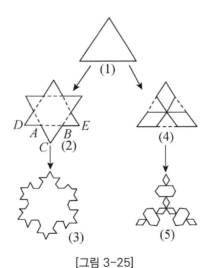

[그림 3-25]

또한 안쪽으로 정삼각형을 만들어 얻는 눈꽃 곡선(4)와 (5)를 '반눈꽃곡선'이라고 한다. 이런 눈꽃 곡선도 무한히 만들 수 있다.

눈꽃 곡선의 길이와 면적을 계산해 보자. 먼저 길이는 어떻게 잴까? (1)부터 (2)까지 눈꽃 곡선의 길이는 분명히 증가했다. 원래 삼각형의 한쪽 $\overline{DE}$는 꺾인 선 $DACBE$가 되었고 꺾인 선 DACBE는 $\overline{DE}$ 길이의 $\dfrac{1}{3}$만큼 길어졌다. 따라서 곡선의 총 길이도 $\dfrac{1}{3}$만큼 길어진다. 즉,

$$L_2 = \frac{4}{3} L_1$$

같은 이유로,

$$L_3 = \frac{4}{3} L_2 = \left(\frac{4}{3}\right)^2 L_1 ,$$

$$L_4 = \frac{4}{3} L_3 = \left(\frac{4}{3}\right)^3 L_1 ,$$

……

이므로 일반적으로 나타내면

$$L_n = \frac{4}{3} L_{n-1} = \left(\frac{4}{3}\right)^{n-1} L_1$$

이다. $n \to \infty$일 때, L_n의 극한값은 존재하지 않는다.

다음으로 눈꽃 곡선을 둘러싼 면적을 구해 보자.

원래 정삼각형의 면적을 S_1이라고 하면, 눈꽃 곡선(2)의 면적은 원래 삼각형 면적보다 작은 삼각형이 3개 더 많고 각각의 작은 삼각형의 한 변의 길이는 원래 삼각형의 한 변의 길이의 $\frac{1}{3}$이므로 면적은 원래 삼각형 면적의 $\frac{1}{9}$이어야 한다. 3개의 작은 삼각형의 면적은 당연히 원래 삼각형 면적의 $\frac{1}{3}$이다.

그러므로,
$$S_2 = S_1 + \frac{1}{3} S_1$$

(2)에서 (3)까지 12개의 더 작은 삼각형이 추가되었고, 그 한 변의 길이는 원래 삼각형의 $\frac{1}{9}$이므로 더 작은 삼각형의 면적은 원래 삼각형의 $\frac{1}{81}$이다. 그러므로

$$
\begin{aligned}
S_3 &= S_2 + 12 \times \frac{1}{81} S_1 \\
&= S_2 + \left(\frac{4}{3}\right) \times \frac{1}{3^2} S_1
\end{aligned}
$$

이다. 일반적으로 나타내면

$$S_n = S_{n-1} + \left(\frac{4}{3}\right)^{n-2} \times \frac{1}{3^{n-1}} S_1$$

$n \to \infty$일 때, 이 수열의 극한은 존재한다.

다시 반눈꽃곡선을 살펴보자. 반눈꽃곡선과 눈꽃곡선의 길이
는 같기 때문에 그 길이는

$$L_n = \frac{4}{3} L_{n-1} = \left(\frac{4}{3}\right)^{n-1} \times L_1$$

이다. 면적은

$$S_n = S_{n-1} - \left(\frac{4}{3}\right)^{n-1} \times \frac{1}{3^n} S_1$$

이다. 여기서 나타나는 신기한 성질은 눈꽃곡선을 평면에 무한
히 풀면 그 길이와 너비는 무한인 반면, 그 면적은 유한값으로
나타난다는 것이다.

  눈꽃곡선은 독일 수학자 폰 코흐가 1904년 발명한 것으로 '코
흐 곡선'이라고도 불린다. 이후 1975년, 새로운 수학 분야인 프
랙탈 기하학이 탄생해 눈꽃곡선은 한층 더 부각되었다. 특히 사
람들은 컴퓨터를 이용해 눈꽃곡선과 유사한 기괴하고 아름다운
도형을 많이 만들어냈다.

  이런 기괴한 도형이 무슨 소용이 있을까? 심지어 수학자들도
이런 질문을 한다. 처음엔 수학자들이 만들어낸 것이지 현실 세
계와는 상관없는 곡선으로만 여겨졌다. 하지만 이후 우리의 생
활 속에서 이런 형상을 접할 수 있을 뿐만 아니라, 계산기를 이
용해 프랙탈 기하학이 자연계의 불규칙한 현상들과 형상의 기

본 구조라는 사실을 알게 되었다. 사실 과학자들은 이미 프랙탈 이론으로 해안선의 길이를 연구했다. 1967년, 만델브로는 미국 「사이언스」지에 〈영국의 해안선은 얼마나 긴가?〉라는 논문을 처음 발표해 학계를 놀라게 했다.

유클리드에서 로바체프스키까지 ⎯⎯•

유클리드 기하의 오점

일부 학자들은 기하학이 고대 이집트에서 기원했다고 주장한다. 고대 이집트 문명의 어머니로 불리는 나일강은 자주 범람해 농경지는 물에 잠기고 사람들은 죽거나 도망쳤다. 홍수가 지나간 후, 피난간 사람들이 돌아왔지만, 어느 땅이 내 땅인지 도무지 구분이 되지 않았다. 사람들은 어쩔 수 없이 땅을 재측정할 수밖에 없었다.

이렇게 기하학이 탄생했다. 사실 각 문명은 자연과의 싸움에서 일정한 기하학적 지식을 쌓아왔다. 예컨대 중국 시안의 반파 유적박물관에는 마름모, 직사각형 등이 그려진 도자기들이 많이 진열되어 있다. 춘추전국시대 묵자는 일찍이 원을 '일중동장야一中同長也(하나의 중심에서 그 길이가 같다)'라고 정의했다.

기하학적 지식을 하나의 완전한 체계로 만든 사람이 유클리드이다. 유클리드는 고대 그리스의 수학자로 그의 생애에 대해 알려진 바는 거의 없다. 기원전 330년쯤 태어난 유클리드가 당시 고대 그리스의 기하 지식을 한데 모은 『기하학 원론』을 집필했다. 그가 한 일은 단순히 지식을 모으는 것이 아니라, 일부 근원적인 개념과 공리로부터 일련의 정리를 추론해 기하학적 지식이 하나의 엄밀한 체계를 이루도록 한 것이다.

훗날 『기하학 원론』은 명대의 서광계와 선교사 마테오 리치가 함께 중국어로 번역해 중국에 소개되었다. 우리가 중고등학교에서 배우는 평면기하학은 기본적으로 『기하학 원론』의 체계를 따른다. 내가 살고 있는 상하이 쉬후이구가 바로 서광계의 고향이다. 서가회에서는 그를 기리기 위해 비석을 세웠고 마테오 리치의 묘는 북경에 있는데, 일전에 나는 존경의 마음을 품고 다녀온 적이 있다.

대부분의 독자는 『기하학 원론』에 나오는 수많은 공리에 대해 이견이 없을 것이라고 생각한다. 하지만 유독 유클리드의 다섯 번째 공리에 대해서는 공리답지 않고 하나의 정리처럼 생각하는 의견이 많다. 그것을 공리로서 『기하학 원론』에 넣은 것을 『기하학 원론』의 유일한 오점으로 여기는 사람도 있다.

다섯 번째 공리는 '평행 공리'라고도 하는데, 현재의 표현으로 나타내면 "직선 밖의 한 점을 지나며 주어진 직선에 평행인 직선은 유일하다."이다. 많은 수학자가 이를 공리가 아닌 하나의 정리처럼 여겨 이를 증명하려 했다. 유클리드 이후 2000여 년 동안 수학자들은 이 노력을 멈추지 않았고, 어떤 이는 이를 증명하려고 평생을 바쳤지만 성공하지 못했다.

19세기 초반 로바체프스키라는 러시아 수학자도 처음에는 다섯 번째 공리에 의문을 제기하고 그것을 증명하려 하였지만 이후 스스로 잘못되었음을 깨닫고 이 '증명'을 자신의 강의에 엮지 않았다고 한다. 그러나 여전히 단념하지 않고 반증법으로 평행 공리를 증명하려 했다. 이에 그는 '직선 밖의 한 점을 지나고 주어진 직선에 평행인 직선은 두 개이다'라고 가정하고 일련의 추리를 진행했다. 그는 원래 모순을 도출해 자신의 가설을 뒤집고, 이를 통해 다섯 번째 공리의 성립을 증명하려 했다. 그런데 그가 계속해서 추론해 나가자, 한 가지 정리가 도출되었고 논리적으로 모순이 없었다.

이렇게 비유클리드 기하학의 일종인 로바체프스키 기하학에서는 직선 밖의 한 점에서 주어진 직선에 평행인 두 개 이상의 직선을 그을 수 있다는 새로운 공리가 세워지게 되었다. 로바체프스키의 이 성과는 혁명적이어서 후세 사람들은 그를 '기하학의 코페르니쿠스'라고 불렀다. 로바체프스키는 당시 보잘것없는 처지로 멸시와 공격을 받기도 했지만 그는 두려움 없는 정신으로 자신의 새로운 사상을 지켜냈다.

그가 처음 쓴 비유클리드 기하학에 관한 논문은 심사를 거치면서 아쉽게도 심사위원들에 의해 분실되었다고 한다. 그는 1829년 저서가 출간된 후 꾸준히 자신의 이론을 알리기 위해 노력했다.

야노시 보여이와 리만

비유클리드 기하학에 뛰어난 공헌을 한 사람은 로바체프스키와 동시대 인물인 헝가리인 '야노시 보여이'였다. 보여이의 아버지 파르카스 보여이는 수학자 가우스의 동료로서 평행공리 증명에 힘썼지만 성과는 없었다. 젊은 보여이가 제5공리에 관심이 많은 것을 아버지가 알게 되었고 아들이 이 과제를 포기하기를 원했다. 파르카스 보여이는 "그것이 너의 모든 시간을 빼앗고 너의 건강을 빼앗고 너의 행복을 빼앗아 버릴 것이다. 이 지옥 같은 블랙홀이 뉴턴 같은 사람을 천 명이나 잡아먹을 것이다…."라며 강조했다. 어린 보여이는 아버지의 조언을 듣지 않고 노력한 끝에 비유클리드 기하를 창설했다.

그의 논문은 로바체프스키보다 불과 3년 늦게 발표되었다. 보여이는 논문을 가우스에게 보냈다. 가우스는 논문을 읽고 이 헝가리 청년의 재능이 대단하다면서 자신이 사십 년 동안 생각해 온 결과가 보여이만 못하다고 말했다. 하지만 어린 보여이는 마음이 편치 않았다. 가우스가 자신의 성과를 훔치려 한다고 여겼다. 1840년에 로바체프스키의 논문 번역판을 읽었을 때는 더욱 의기소침해져 더 이상 아무런 수학적 성과도 발표하지 않았다. 아버지의 조언도, 연구 중의 어려움도 그를 멈추게 하지 않았는데 오히려 자기 스스로 방치하는 안타까운 상황이 된 것이다.

가우스는 비유클리드 기하를 연구하고 약간의 성과를 낸 것은 사실이지만, 생전에 이 방면의 어떤 논문도 발표한 적이 없다. 이는 세상의 큰 반향을 불러일으킬만한 일이었고 전면에 나서기가 두려웠기 때문이다.

이후 로바체프스키, 야노시 보여이, 가우스 이 세 사람 모두 독립적으로 비유클리드 기하학을 발전시켰지만, 사람들은 모두 가우스와 보여이가 로바체프스키와는 비교할 수 없을 정도라고 여겼다. 로바체프스키는 전통적인 유클리드 기하학에 신경을 썼고 이는 훗날 수학자들로 하여금 유클리드 기하도 허점이 있다는 것을 일깨워주었다. 그래서 이후 수학자들은 유클리드 기하학을 다양한 각도에서 재해석하려는 시도가 생겨났다.

1854년에 리만은 또 다른 비유클리드 기하인 '리만기하'를 제기했다. 리만기하 역시 유클리드 기하학의 평행공리를 바꾼 것이지만, 그는 "직선 밖의 한 점을 지나면서 주어진 직선에 평행인 직선을 긋는 것은 불가능하다."라고 했다. 바로 여기에서 출발해 모순이 없는 시스템을 도출했다. 비유클리드 기하학에서는 많은 성질이 다르게 표현된다. 예를 들어, 삼각형의 내각의 크기 합은 유클리드 기하에서는 항상 180°이지만, 로바체프스키 기하학에서는 180°보다 작고, 리만기하에서는 180°보다 크다.

비유클리드 기하학이 없으면 상대성 이론도 없다

혹자는 유클리드 기하학은 실질적으로 활용되고 있는데, 로바체프스키 기하학과 리만기하학이 무슨 소용이 있느냐고 되묻는다. 실제로 쓸모가 크다. 비유클리드 기하학이 없다면 아인슈타인의 상대성이론도 없다. 아인슈타인의 상대성이론은 물리적 공간이 거대한 질량 근처에서 휘어진다고 지적한다.

예를 들어, 우리가 살고 있는 지구상의 어느 한 점 O에서 어떤 두 항성 A와 B를 관찰할 때, $\angle AOB = \theta$라고 하자. 아인슈타인의 이론이 성립하지 않으면 태양의 간섭 유무와 상관없이 θ의 값은 일정해야 하고, 그의 이론이 성립하면 태양의 간섭이 있을 때와 태양의 간섭이 없을 때 θ 값은 변화해야 한다. 하지만 정상적인 상황에서는 관련 증명을 위한 실험이 쉽지 않다. 강렬한 태양 아래서 항성 A와 B는 전혀 보이지 않기 때문이다.

이 실험은 개기일식일 때만 관측할 수 있다. 1919년, 서아프리카에서 개기일식이 일어났다. 영국의 천문학 시찰팀이 서아프리카의 프린시페섬으로 현지 탐사를 떠났다. 그 결과 연구원들은 θ의 값이 태양의 간섭이 있을 때와 없을 때에 $1.61'' \pm 0.30''$ 차이가 난다는 것을 알아냈다. 아인슈타인의 이론적 계산으로는 이 두 값이 $1.75''$ 차이가 나야 한다고 지적할 정도로 오차가 적었다. 하지만 이 값은 태양의 거대한 질량이 항성 A와 B가 쏘아올린 빛의 굴곡을 확실하게 만들어 아인슈타인의 상대성 이론의 정확성을 확인시켜 주기에 충분하다. 동시에 거시적으로 보았을 때 우리는 삼각형 내각의 크기 합이 180°가 아닌 공간에 살고 있다는 것, 즉 비유클리드 기하가 적용되는 공간에 살고 있다는 것을 설명해 준다.

푸앵카레 추측과 페렐만

푸앵카레와 도넛

다음은 어느 수학시험에 출제된 문제의 일부이다.

"앙리 푸앵카레라는 프랑스 수학자는 단골 빵집에서 매일 빵을 사 먹는다. 제빵사는 고객에게 파는 빵의 평균 질량이 1000g인데 50g 정도 오차가 있다고 했다. 푸앵카레는 의구심이 들어 이 빵집의 빵에 대한 질량을 모니터링했다. 매일 빵을 사서 무게를 재고 그 값을 기록했다. 제빵사가 빵의 질량을 속였다면 푸앵카레는 해당 부서에 신고할 것이고 그렇게 되면 제빵사는 처벌을 받고 잘못을 뉘우칠 것이다."

위 내용에 언급되는 이 정직한 프랑스 수학자 앙리 푸앵카레는 대체 누구일까? 아쉽게도 많은 학생이 교과서와 시험문제 외의 일에 대해서는 귀를 기울이지 않는 경우가 많고, 근현대 수학자나 푸앵카레의 수학적 성과에 대한 내용도 생소해 그 이름을 들어 본 사람도 많지 않을 것이다. 푸앵카레는 그 유명한 '푸앵카레 추측'을 제기했던 근대 수학사에서도 손꼽히는 위대한 수학자이다.

1904년 푸앵카레는 "어떤 닫힌 3차원 공간에서 모든 폐곡선이 단순 연결이라면 이 공간은 반드시 하나의 3차원 구로 변형될 수 있다."라고 진술했다.

닫힌 3차원 공간은 경계가 없는 3차원 공간이다. 단순 연결은 이 공간의 모든 폐곡선을 연속적으로 한 점으로 수축시킬 수 있다거나, 닫힌 3차원 공간에서 폐곡선 하나하나가 한 점으로 수축할 수 있다는 것으로 이 공간은 반드시 하나의 3차원 구면이라는 것이다.

이런 해석을 거치더라도 이해하기 힘든 내용이다. 그래서 누군가는 이미지로 예를 들어 이해를 돕기도 했다.

과거에는 지구가 평평하다는 인식이 지배적이었지만 이를 믿지 않는 이들도 있었다. 1519년 마젤란은 선원들을 이끌고 유럽을 출발해 계속해서 서행했다. 그로부터 3년 후, 마젤란의 배는 출발지로 돌아왔다. 그는 이런 방법으로 지구가 둥글다는 것을 직접 증명했다. 그러자 어떤 이는 '배가 돌아왔다고 해서 지구가 둥글다고 할 수 있느냐?'라며 반박했다. 그렇다. 그건 확실하지 않다. 지구가 [그림 3-26]과 같은 도넛 모양이라면 마젤란처럼 한 바퀴 돌아 출발지로 돌아올 수 있다. 이후, 인류는 지구를 벗어나 우주에서 지구를 바라볼 수 있게 되었고 '지구는 둥글다'임을 확인할 수 있었다.

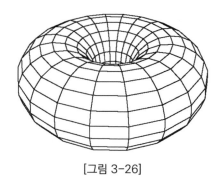

[그림 3-26]

그렇다면 드넓은 우주는 어떤 모양일까? 인류는 우주를 벗어나 우주를 바라볼 수 없기 때문에 어떤 이가 다음과 같은 사고 실험을 제안했다.

"총알의 끝부분에 충분히 긴 밧줄을 묶어 총알을 우주로 쏘아 올린다. 총알이 우주를 한 바퀴 돌고 지구로 돌아오면 밧줄도 우주 주위를 한 바퀴 돌며 하나의 띠를 형성한다. 그런 후에 우리는 밧줄의 양 끝을 손으로 힘껏 잡아당긴다. 만약 우주가 구형이라면 이 밧줄로 지구를 회수하게 될 것이다. 푸앵카레 추측에 따르면 밧줄이 지구를 회수할 수 있다면 우주는 반드시 구형일 것이다. 그러나 우주가 '도넛' 모양이라면 밧줄이 가운데 구멍을 둘러싸는 경우 지구를 회수할 수 없을 것이다."

밀레니엄 난제

푸앵카레 추측이 제기된 이래 100여 년 동안 진전이 없는 유명한 난제가 되었다. 앞서 말한 대로 수학계에는 여전히 풀리지 않은 난제가 많다. 예를 들어 1900년 힐베르트가 던진 23개의 문제는 20세기 수학의 방향을 이끌어 많은 수학자의 목표가 되었다. 오늘날에 이르러 이런 문제들 중 상당 부분이 해결되고 있다. 푸앵카레 추측은 1900년 이후에 제기된 것으로 힐베르트의 23가지 문제에는 포함되지 않는다.

푸앵카레가 이 추측을 내놓자 스스로 증명했다며 나서는 사람이 많았다. 그런데 얼마 지나지 않아 증명에 문제가 드러났다. 훗날 적지 않은 수학자들이 이 문제를 연구하였으나 모두 곧 실의에 빠졌다. 그리스 수학자 파파키리아코풀로스는 많은 사람이 '파파'라고 친근하게 부르는 사람으로 1964년 베블런상을 수상했다. 그런데 이 똑똑한 위상수학자는 결국 푸앵카레의 추측을 증명하는 과정에 쓰러지고 만다. 파파는 1976년 사망 직전까지도 푸앵카레 추측을 증명하려 했다. 임종 때 수학자 친구에게 두꺼운 원고 뭉치를 건넸지만, 친구는 몇 페이지만 보고도 오류를 발견할 수 있었다. 잠시 후에 파파는 조용히 세상을 떠났다.

문제는 해결되지 않았지만 푸앵카레 추측을 연구한 공로로 필즈상을 수상한 수학자가 여럿 있다. 푸앵카레 추측은 정말 '황

금알을 낳는 암탉'이라고 여겨졌다. 힐베르트는 밀레니엄 시대를 맞아 세상에 중요하고 지향적인 수학적 난제를 세상에 던졌다. 또한 미국 클레이수학연구소는 많은 수학자들로부터 조언을 받아 7대 문제를 제시하고 문제당 100만 달러의 상금을 책정해 어려운 문제를 해결하도록 독려했다. '7대 밀레니엄 난제'라 불리는 이들 문제 가운데 푸앵카레 추측이 있다.

수학 괴짜 페렐만

100년 가까이 많은 수학자의 분투에도 푸앵카레 추측이 해결되지 못하다가 2003년, 한 '괴짜'-러시아 수학자 그레고리 페렐만-에 의해 추측의 3차원 상황이 증명되었다. 2006년 수학계는 페렐만이 푸앵카레 추측을 증명했다는 것을 최종 확인했다.

페렐만은 자신의 연구 성과를 온라인에만 게재했을 뿐 이를 정규 논문으로 작성해 학술지에 발표하지는 않았다. 사람들은 수학계에 또 미치광이가 생겼다고 생각했다. 세상이 주목하는 난제가 이렇게 인터넷에 올린 세 편의 간단한 논문에 의해 풀리다니!

페렐만이 쓴 논문은 지극히 간략해서 동료들이 읽은 뒤 그 증명이 옳은지 아닌지를 한동안 확신할 수 없었다. 그러자 수학자들은 그의 증명을 읽고 해석하고 보완하기 시작했다. 3년간의 노력 끝에 증명을 확인하는 장문의 논문들이 발표되었다. 증명의 해석과 보충 자체도 이렇게 힘든데 페렐만은 정말 멋있다. 짧고 요약된 읽기 힘든 논문이었지만 페렐만의 논문은 알아주는 이들이 있었다. 하지만 갈루아와 아벨은 살아생전에 어느 누구도 그들의 논문을 이해하지 못했으니 얼마나 불행한 삶이었는가.

2003년 굵직한 연구 성과가 발표된 지 얼마 지나지 않아 페렐만은 돌연 자취를 감추었다. 페렐만은 클레이수학연구소가 그에게 수여한 상금 100만 달러는 물론 필즈상까지 거부했다. 남들이 꿈꾸는 명예와 상금을 대수롭지 않게 여기는 수학자의 오기가 대단하다.

2005년 명성이 순풍에 돛을 올리고 있을 때 페렐만은 갑자기 다니던 연구소를 그만두고 아무런 이유도 적혀 있지 않은 사직서를 남겼다. 그는 '수학에 더 이상 관심이 없고 이 분야에 더 이상 발을 들여놓을 생각이 없다'며 세상과의 연결고리를 다 끊고 또 한번 유령처럼 사라졌다. 페렐만은 평소 누구와도 왕래를 꺼렸으며 단순한 삶을 추구했다. 그래서 페렐만은 '수학 괴짜'라고 불렸다.

푸앵카레 추측을 제외한 7대 밀레니엄 난제 중 나머지 6개 문제는 아직 해결되지 않았다. 이제 여러분 차례다!